星载GNSS-R陆表环境关键参量反演的理论与方法

陈发德　黄良珂　刘立龙　郭斐　著

WUHAN UNIVERSITY PRESS
武汉大学出版社

图书在版编目(CIP)数据

星载 GNSS-R 陆表环境关键参量反演的理论与方法/陈发德等著. --武
汉：武汉大学出版社，2025.5. -- ISBN 978-7-307-24940-0

Ⅰ. P228.4

中国国家版本馆 CIP 数据核字第 2025KN2354 号

责任编辑：鲍　玲　陈　军　　　责任校对：汪欣怡　　　版式设计：韩闻锦

出版发行：**武汉大学出版社**　　（430072　武昌　珞珈山）

（电子邮箱：cbs22@whu.edu.cn 网址：www.wdp.com.cn）

印刷：武汉中科兴业印务有限公司

开本：787×1092　1/16　印张：11.25　字数：246 千字　插页：1

版次：2025 年 5 月第 1 版　　2025 年 5 月第 1 次印刷

ISBN 978-7-307-24940-0　　定价：65.00 元

前　　言

　　植被和土壤是地球陆地系统中至关重要的组成部分，与人类生活密切相关。植被通过光合作用为地球提供氧气，具有调节气候、涵养水源、净化空气等功能；土壤则是植物生长的基础，具有固定碳元素、调节环境和支持生物多样性的功能。它们在全球水循环、碳循环以及灾害天气的形成和演变过程中，扮演着极其重要的角色。无论是在农业生产、生态保护，还是在应对全球气候变化等方面，植被和土壤的动态变化都对人类社会产生了深远影响。因此，准确监测和评估植被与土壤的变化特征成为了科学家们关注的焦点。

　　以北斗卫星导航系统(BeiDou Navigation Satellite System，BDS)、全球定位系统(Global Positioning System，GPS)等为代表的全球导航卫星系统(Global Navigation Satellite System，GNSS)具有全天候、实时、高精度的特点，能够持续发射 L 波段信号，广泛应用于导航、定位和授时等领域。随着 GNSS 技术研究的不断深入，科学家们发现，传统 GNSS 定位中作为误差处理的反射信号，也可以作为探测地球表面特征的重要信号源。正是这一发现，促成了 GNSS 反射测量(GNSS Reflectometry，GNSS-R)的诞生，开辟了一个融合地理科学、遥感、物理学和工程技术等多学科的新兴研究领域。GNSS-R 的独特之处在于其利用 GNSS 卫星发射的信号，通过测量地面反射信号的变化，来获取植被和土壤的关键信息。目前，GNSS-R 技术已被广泛应用于植被和土壤监测，成为一个重要的监测技术手段。

　　在植被研究中，地上生物量(Above-Ground Biomass，AGB)、树冠高度(Canopy Height，CH)、归一化植被指数(Normalized Difference Vegetation Index，NDVI)和植被含水量(Vegetation Water Content，VWC)是四个最为关键的参量。这些参量反映了植被的生长状态、健康状况以及生态系统的碳储量等信息。而在土壤监测中，土壤湿度(Soil Moisture，SM)是土壤最为重要的参量，它直接影响了植物的水分供应、气候模型的预测精度以及水文循环过程。这些植被和土壤的关键参量不仅对全球气候变化研究具有重要的参考价值，还广泛应用于农业、生态保护、自然资源管理等领域。近年来，国内外学者通过不断的技术创新和理论研究，逐步建立了基于 GNSS-R 的陆表环境关键参量反演方法，使 GNSS-R 技术在植被和土壤监测中的应用逐渐成熟。

　　根据 GNSS-R 接收设备的搭载平台不同，可以将 GNSS-R 分为地基、空基(如飞机、飞艇)和星载三种类型。其中，星载 GNSS-R 技术具有覆盖范围广、机会信号丰富等优势，能够大范围、快速地进行全球观测。然而，尽管星载 GNSS-R 具备很大的潜力，目前仍处于初步研究阶段，存在许多技术挑战亟待突破，特别是在数据处理和陆表环境关键参量反

1

演的精度方面。为了解决这些问题，作者依托国家自然科学基金等科研项目，系统开展了星载 GNSS-R 在陆表环境关键参量反演领域的研究。经过多年的科研积累，作者突破了陆表环境关键参量反演的核心技术，构建了全球范围内的陆表环境关键参量反演方法。

本书的核心内容围绕星载 GNSS-R 在陆表环境关键参量反演的理论和方法展开，全面梳理了国内外学者在地上生物量（AGB）、树冠高度（CH）、植被归一化指数（NDVI）、植被含水量（VWC）和土壤湿度（SM）等参量反演研究的现状和进展。同时，书中系统介绍了星载 GNSS-R 的技术原理及其在陆表环境关键参量反演中的应用方法，包括相关的参考辅助数据和实验研究成果。此外，书中展示了多个星载 GNSS-R 研究的具体实例，从实际应用出发，揭示了该技术在陆表环境监测中的广泛潜力和前景。

作者希望通过这本书，为广大读者提供 GNSS-R 理论与实践研究的全景式视角，促进不同领域研究人员之间的学术交流，共同推动 GNSS-R 技术在定量遥感和全球环境监测中的应用。同时，本书也为从事 GNSS 反射测量学、环境监测和定量遥感等领域的科技工作者提供了宝贵的参考，希望为 GNSS 技术在更多领域的深入应用贡献力量。

本书的研究内容和成果得到了国家自然科学基金项目（41825009、42074029、42064002）、广西自然科学基金项目（guikeAD230262257）以及其他相关项目的共同资助。本书的部分研究内容是在与潘安荣、叶漪玲等硕士研究生共同努力下完成的，作者衷心感谢他们的辛勤付出和无私支持。此外，作者在研究过程中参考和借鉴了众多相关领域学者的研究成果，这些宝贵的参考资料为本书的研究工作提供了不可或缺的帮助，作者对此深表感谢。最后，作者特别感谢长期以来对我给予关心、支持和鼓励的所有同事、朋友以及学术界同仁，正是他们的帮助与支持，才使得本书的研究得以顺利进行和完成。

本书自 2021 年开始撰写，期间经历了多次讨论和修改。尽管作者尽了最大的努力，但由于个人水平和时间的限制，书中难免仍存在不足之处，甚至可能出现一些错误。在此，作者恳请各位读者批评指正，以期不断完善和提高。

本书作者

2024 年 6 月

目　　录

第1章 绪 论

以北斗卫星导航系统、全球导航系统等为代表的全球导航卫星系统具有全天候、实时、高精度的特点，可持续发射 L 波段信号，已广泛应用于导航、定位与授时等领域。随着 GNSS 技术研究的深入，一些学者发现，传统 GNSS 定位中作为误差处理的反射信号可被用作探测地球表面特征的重要信号源，并由此开辟了一个多学科交叉的新兴研究方向，即 GNSS 反射测量。本章将简要介绍 GNSS-R 主要技术原理和发展历程，并着重讨论星载 GNSS-R 在陆表环境关键参量反演的应用研究现状以及存在的问题，从而引出本书的主要研究内容。

1.1 研究背景及意义

经过几十年发展，GNSS 在导航、定位和授时领域的研究与应用已逐渐成熟。20 世纪 80 年代后期，利用 GNSS 信号遥感大气参数的掩星测量（Radio Occultation，RO）开辟了 GNSS 遥感应用的新方向（Yunck et al.，1988）。1993 年，Martin 等利用 GNSS 反射信号对海面高度进行测量（Martin-Neira，1993），由此开创了 GNSS-R 遥感新学科。GNSS-R 作为一个新兴的微波遥感学科，主要通过利用 GNSS 直射信号和反射信号的信息来对地球表面物理参数进行反演（刘经南等，2007）。图 1-1 为 GNSS-R 基本原理图，可以看出 GNSS-R 与双基雷达原理相似：通过发射机发射信号经地表面反射后由接收机接收反射信号。与双基雷达不同的是，GNSS-R 利用的是 GNSS 卫星信号，无需专门的发射机，从而降低了接收机的体积、重量和成本，并能获取更大量的数据。此外，与传统遥感技术相比，GNSS-R 技术具有以下优点：

（1）可以全天候、全天时工作，且重访周期短，时间分辨率较高；

（2）利用 L 波段信号，穿透云雾性强，受气象条件影响较小；

（3）接收机搭载平台丰富，可根据用户需求建立地基、机载和星载平台。

GNSS-R 技术现已在地基、机载、星载平台上形成全方位、多层次、宽领域的综合应用体系，广泛应用于海洋风场监测、植被参数估算、土壤湿度反演等与国民生产生活和社会经济发展密切相关的领域。与地基、机载平台相比，星载平台具有覆盖面广、机会信号多等优势，能够在全球范围内提供高精度、高时空分辨率的地表物理参数反演结果。

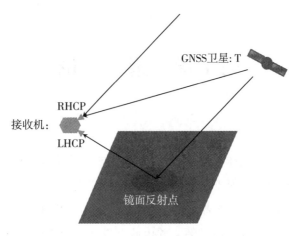

图 1-1　GNSS-R 基本原理图

　　植被是陆地生态系统的重要组成部分，储存了全球陆地生态系统约 80% 的碳(穆喜云等，2015)，在固碳释氧、调节全球气候变化、涵养水源和维持生物多样性以及碳水平衡方面发挥着关键作用(余新晓等，2005；李剑泉等，2010)。植被生态系统是地球上生物和基因种类最多的生态系统之一(Michael et al.，2015)。准确估算植被生物量是分析全球生态系统碳循环和碳动态的基础，对监测全球的植被分布、生长状态以及环境保护具有关键的价值和意义(黄燕平等，2013；陈世林，2020)。自 1946 年以来，联合国粮农组织(United Nations Food and Agriculture Organization，FAO)以每 5~10 年对全球的森林资源进行一次评估。近期的评估结果显示，自 1990 年到 2015 年的 25 年时间内全球森林的覆盖率从 31.85% 下降到 30.85%，总面积由原来的 4.28 亿万公顷下降到 3.99 亿万公顷(Kenneth，2015)。近年来，由于人类的过度砍伐，植被面积尤其是森林面积持续减少，加速了全球气候变暖，对极端天气形成及自然灾害频发有助推作用，给全球经济造成了巨大损失。越来越多的国家和组织开始重视对植被森林的保护、监测以及合理地利用。因此，准确估算植被生物量对全球自然环境保护和经济发展具有经济价值和社会效益。目前对植被参数的监测主要依靠人工野外测量以及光学、雷达等遥感手段，而这些方法存在一定的局限性。例如，人工野外测量需要耗费大量人力和物力；而光学遥感手段受气象条件影响较大；雷达遥感手段成本较高，重返周期较长，无法满足连续实时监测植被参数的需求。

　　高精度、高时空分辨率的土壤湿度信息不仅对生态系统监测和全球气候变化研究具有重大的科学意义，还在防灾减灾领域，如干旱预警和滑坡监测中，发挥着关键作用。土壤湿度是影响植物生长、地表蒸发、地表与大气之间水循环的重要参数，其变化能够显著影响气候模式和区域生态平衡。因此，准确获取土壤湿度对于理解水文过程、气候系统演变以及生态系统的健康状况具有深远影响。在当前的技术手段中，获取土壤湿度的主要方式有两种：传统的地面站点监测和遥感技术。尽管传统地面站点监测方法能提供精确的土壤湿度数据，但由于监测站的数量有限，空间分布稀疏，难以覆盖大面积区域，导致其在空间分辨率方面存在一定的局限性。此外，地面站点监测往往需要高昂的维护成本，难以适应大范围高时空分辨率的需求。相比之下，遥感技术能够覆盖大范围区域，提供较大尺度的土壤湿度信息。然而，传统的遥感技术依赖于卫星或飞机的观测，易受大气效应、云层遮挡和地表条件变化（如土壤类型、植被覆盖度）的影响，导致数据不稳定性较大，观测精度较低。此外，传统遥感技术在对地观测的时间和空间连续性方面也存在较大的局限，难以满足智慧农业、干旱预警、滑坡灾害监测以及生态环境监测等领域对高精度、高时空分辨率和高连续性土壤湿度信息的迫切需求。

因此，发展新的植被参数和土壤湿度监测技术，特别是能够突破时空分辨率和观测连续性限制的技术，对于解决传统方法中的问题至关重要。近年来，基于全球导航卫星系统反射信号（GNSS-R）等新兴技术逐渐显示出在植被参数和土壤湿度监测方面的潜力。这类技术不仅能够提供更高的时空分辨率，还能有效应对大气效应等干扰，逐步成为获取高精度、高时空分辨率土壤湿度信息的新兴手段。这些技术的发展有望为智慧农业、气候变化研究和灾害防治提供更加可靠的基础数据支撑。

1.2　国内外研究现状

1.2.1　GNSS-R 发展历程

自 20 世纪 80 年代中期以来，由美国的 GPS、中国的 BDS、俄罗斯的 GLONASS（Global Navigation Satellite System）以及欧盟的 Galileo（Galileo satellite navigation system）共同组成的全球导航卫星系统迅猛发展。由于其具有全天候、实时以及高精度等特点，使得定位、导航与授时技术跨入了稳、准、快的新时代，同时为地球科学领域提供了高精度、大范围、全天候的空间大地测量技术手段。GNSS 不仅能够提供精确快速的定位、导航和授时服务，还具备对地球表面参数进行遥感监测的功能。由于 GNSS 不断向地球表面播发无线电波信号，其中的部分信号会经地球表面反射，可利用这些反射信号提供的信息（包括延迟、信号波形、幅度、相位和频率等），通过构建模型来推导并实现对地表面参数的遥感监测。GNSS-R 的概念便在此背景下应运而生（Martin-Neira，1993），并引起了国内外众多学者和机构关注。他们利用 GNSS-R 技术，开展了一系列深入细致的研究。

1993 年，欧洲空间局（European Space Agency，ESA）的科学家 Martin-Neira 首次使用 GPS 反射信号进行了海面测高，提出了被动测高与干涉系统（Passive Reflectometry and Interferometry System，PARIS）（Martin-Neira，1993）。在 1994 年的 ION-GPS-94 的会议中，法国科学家 Auber 首次公开了他们团队在进行机载飞行实验中意外捕获的 GPS 海面反射信

号，但是这种信号通常会对定位精度产生影响，在定位中将其视为多路径信号而进行剔除（Auber 等，1994）。1996 年，美国国家航空航天局（National Aeronautics and Space Administration，NASA）科学家 Katzberg 和 Garrison 敏锐地意识到这种多路径信号可作为一种新型遥感的"有用信号"，并提出了利用海面前向散射的双频 GPS 信号来获取和消除海洋上空的电离层延迟，这种方法有效地弥补了传统卫星高度计在电离层延迟误差改正中的不足（Katzberg 等，1996）。在此基础上，NASA 的兰利研究中心团队进行了地基及机载反射信号的捕获和追踪实验，研究表明，传统接收机难以有效捕获和追踪 GPS 反射信号，因此需要使用专门设计的接收机（Garrison et al.，1997）。同年，ESA 团队在荷兰进行了 PARIS 高度计的 Zeeland 桥 I 实验。1997 年，NASA 兰利研究中心团队使用专门设计的 GPS 软件接收机 GEC-Plessey 进行了多次机载实验，成功捕获和跟踪了反射信号，并发现反射信号的相关函数与海面的粗糙度信息有着密切联系（Lowe et al.，1998）。此后，GNSS-R 反射信号遥感学得到了迅速发展并取得了一系列鼓舞人心的结果。

最初，GNSS-R 技术仅使用专门设计接收机进行海洋遥感观测，随着技术理论的不断成熟，GNSS-R 的应用领域逐渐由海洋扩展到陆地，且成功在传统接收机上实现了部分地表参数的遥感监测。按照接收机接收信号方式的不同，GNSS-R 技术可分为单天线模式和双天线模式：

（1）单天线模式：主要利用传统的大地测量型接收机和天线的多路径效应，根据方位角和高度角可筛选出来自反演区域的信噪比（Signal to Noise Ratio，SNR），并对 SNR 进行频谱分析，反演得到相应的地表物理参数。由于传统型接收机没有专门设计的接收反射信号天线，对较弱的反射信号难以捕获跟踪，因此接收机的搭载平台以地基和岸基为主。虽然接收机的搭载平台有限，但是其实施和实验成本较低，且可以直接利用现有的国际 GNSS 服务（International GNSS Service，IGS）站或者 CORS（Continuous Operational Reference System）站上的数据进行地表面参数遥感分析，使其成为 GNSS-R 领域研究的热点之一，并在土壤湿度测量（Larson et al.，2008；Larson，2016；Chang et al.，2019；Martin et al.，2020；孙波等，2020；梁月吉等，2020；Zhang et al.，2021；Ran et al.，2022）、雪深测量（Larson et al.，2009；Larson，2016；王泽民等，2018；周威等，2018；Yu et al.，2020；Zhang et al.，2020）、湖面测高（王娜子等，2016）、海面高度测量（张双成等，2016；Jin et al.，2017；陈发德等，2018；Chen et al.，2019；Wang et al.，2019；梁月吉，2020；何秀凤等，2020；王洁等，2022）、海面风速测量（王笑蕾等，2021）等地学应用中取得了丰硕成果。

（2）双天线模式：主要利用右旋圆极化天线接收直射信号和左旋圆极化天线接收反射信号。传统的双天线接收机是将反射信号和接收机本地复制码进行相关，或者直接与直射信号进行相关，根据提取出的观测量反演得到相关的地表物理参数。新型的双天线接收机除了可以将反射信号与直射信号相关，还可以与其他机会信号（如广播信号等）进行相关。

不同的相关技术应用场景各不相同，详细内容介绍请见第 2 章。目前 GNSS-R 技术仍处于发展阶段，现有的双天线接收机大部分是利用反射信号与接收机本地复制码进行相关。双天线接收机按照接收平台的高度不同，可分为地基、空基(飞机、飞艇)和星载三种类型。

1.2.2　星载 GNSS-R 及其应用发展现状

由于星载平台具有覆盖面广、机会信号多等优势，本书将开展星载 GNSS-R 陆表环境关键参量反演方法的研究。下面从星载 GNSS-R 的发展历程进行简要介绍：

2003 年，英国发射了英国灾害监测星座(the United Kingdom-Disaster Monitoring Constellation，UK-DMC)低轨卫星，该卫星搭载了 GNSS-R 接收机，并成功接收到了反射信号(Clarizia et al.，2009)。研究发现，这些反射信号与海面风速之间存在很强的相关性(Gleason et al.，2005；Clarizia，2009)。2011 年 11 月，UK-DMC 退役后，英国的 TDS-1 (TechDemoSat-1)低轨卫星于 2014 年 7 月发射，该卫星搭载的空间 GNSS 遥感仪(Space GNSS Receiver Remote Sensing Instrument，SGR-ReSI)成功接收到了来自地球表面的 GNSS 反射信号。UK-DMC 和 TDS-1 都是单颗卫星，不具备全球覆盖能力。为了加强星载 GNSS-R 的全球覆盖能力，美国于 2016 年 12 月发射了 CYGNSS(Cyclone Global Navigation Satellite System)卫星星座，该星座由 8 颗星组成，全球时空分辨率得到大幅度提升。CYGNSS 搭载了改进版本的 SGR-ReSI，其主要设计目标是监测全球±37°纬度范围内的飓风 (Ruf et al.，2012)。在地基和机载 GNSS-R 试验及理论仿真研究的基础上，我国在星载 GNSS-R 方面也取得了突破性发展。2019 年 6 月 5 日，我国在黄海用长征十一号海射运载火箭，成功发射了捕风一号 A、B 低轨卫星。捕风一号主要利用 GNSS-R 进行海面风场测量。2021 年 7 月 3 日，国内首颗商业星载 GNSS-R 卫星在太原卫星发射中心成功发射。2021 年 7 月 5 日，风云三号 E 星成功发射，该卫星在国际上首次实现了 GNSS 掩星和 GNSS-R 遥感一体化探测。此外，ESA 计划于 2024 年发射 HydroGNSS 卫星，该卫星在陆地遥感应用(如土壤湿度和植被监测等)方面的能力将会得到显著提升。未来，将有更多搭载先进的 GNSS-R 接收机的星载任务陆续实施。

星载 GNSS-R 在地学领域中具有广泛的应用。在海洋遥感中，根据镜面反射点扫过的区域，可反演镜面反射点及其附近的海面风场(Clarizia et al.，2016；Rodriguez-Alvarez et al.，2016；Foti et al.，2017；杨东凯等，2018；Asgarimehr et al.，2018；Grieco et al.，2019；Ruf et al.，2019；Hammond et al.，2020)、海水盐度(Sabia et al.，2007；Liu et al.，2020；Munozmartin Joan et al.，2021；Liu et al.，2021)、海面高程(Tabibi et al.，2020；Mashburn et al.，2020；Qiu et al.，2020)、有效波高(Alonso-Arroyo et al.，2015；Wang et al.，2015；Xu et al.，2018；Peng et al.，2019)、海冰监测(邵连军，2013；Yan et al.，2016；Cartwright et al.，2019；Rodriguez-Alvarez et al.，2019；朱勇超，2020)等。在陆地遥感中，可实现地表土壤湿度反演(M-Khaldi et al.，2019；Yang et al.，2020；Yan et al.，2020；

Camps et al.，2020；杨文涛等，2021）、湿地监测（Nghiem et al.，2017；Zuffada et al.，2017；Morris et al.，2019）、植被监测（Ferrazzoli et al.，2011；Egido et al.，2014；Chew et al.，2015；Zribi et al.，2019；Carreno-Luengo et al.，2020；Santi et al.，2020）、内陆水体监测（Gerlein-Safdi et al.，2019；Loria et al.，2020；Stilla et al.，2020；Al-Khaldi et al.，2021）、洪水监测（Unnithan et al.，2020；Rajabi et al.，2020；Yang et al.，2021；刘奇等，2021）、湖面高度测量（Li et al.，2018；Xu et al.，2019）、沙漠监测（Stilla，2020）等。

1.2.3　星载 GNSS-R 植被参数反演研究现状

地上生物量（AGB）、归一化植被指数（NDVI）和植被含水量（Vegetation water content，VWC）是反映植被生长的重要参数。在植被参数遥感方面，国内外学者开展了大量研究，并取得了丰硕成果。

1. 地上生物量（AGB）方面

森林是植被中的主体部分，故植被资源调查主要以森林资源调查为主。森林资源调查主要是测量树木种类、胸径、树冠高（Canopy Height，CH）、树冠幅度以及位置等（Valbuena et al.，2013；Wilkes et al.，2016；郝红科，2019），通过这些变量来确定森林生物量等能直接反映森林变化的因子。森林生物量定义为单位面积内的干物质量（单位：t/ha 或 t/hm²）。森林生物量分为地上生物量（Above-ground Biomass，AGB）和地下生物量，包括乔木、灌木、草本、根系和土壤生物的生物量等。由于地下生物量难以估算，且相对于 AGB 较小（Disney et al.，2018），因此森林生物量估算主要是 AGB 估算。准确地估算 AGB 是植被探测的关键内容，同时它在监测森林资源、全球生态价值评估以及气候变化等方面有着关键作用（Zheng et al.，2004；St-Onge et al.，2008；Sarker et al.，2011；Valbuena，2013；Wilkes，2016）。

传统的 AGB 探测手段依赖于人工测量，主要是根据经验异速生长模型将野外人工测量得到的 CH 和胸径联系起来对 AGB 进行估算（Fang et al.，2006；Chave et al.，2014；Lu et al.，2016；Qazi et al.，2017；Ningthoujam et al.，2018；Shen et al.，2018）。传统的人工探测在局部地区具有较高精度，但需要大量的人力和物力，且操作困难、成本高、耗时长（Dai et al.，1996；Stephen et al.，2009；David et al.，2012；郭庆华等，2014；De Tanago et al.，2017），多适用于森林种类变化小的小区域，在大区域的 AGB 分布评估中精度会降低（Gourlet-Fleury et al.，2011；Calders et al.，2015；De Tanago，2017）。因此，传统方法不适用于全球 AGB 分布的快速评估（Chave，2014；Ningthoujam，2018）。

随着科技的不断发展，卫星遥感技术已广泛应用于森林资源调查中，能够全天候、高时空分辨率地获取森林资源的空间分布，识别森林类型以及估算 AGB 等关键指标（Timothy et al.，2016；Wallis et al.，2019；陈琳，2020）。传统遥感获取 AGB 的方法包括光学遥感

（Duncanson et al.，2010；刘峰等，2015；Kashongwe et al.，2020）和激光雷达（Light Detection And Ranging，LiDAR）（Frazer et al.，2011；崔要奎等，2011；Watt et al.，2013；Bouvier et al.，2015）。光学遥感可以监测大尺度森林动态变化，但其光谱分辨率有限，不同类型的森林之间可能有相似的光谱特征，难以区分不同森林类型之间的细微差别（陈世林，2020）。此外，光学遥感对光照条件敏感，不同光照条件下的结果差异性较大（即"同物异谱"）（谭炳香，2006），且其影像资料中会存在"光谱饱和"现象（Duncanson，2010；刘峰，2015；Zhang 等，2016；张峥男，2018）。相比之下，LiDAR 是自 20 世纪 60 年代以来发展的主动式遥感技术，主要是利用发射出去并反射回来的激光信息来获取森林生长的三维结构特征，如胸径、CH 等（穆喜云等，2015；李增元等，2016），从而准确获取森林资源的变化以及 AGB 分布。然而，LiDAR 平台大多主要基于机载等低海拔平台，计算量大、成本高，因此更适合用于调查小范围的、局部的森林。在星载平台上，搭载 LiDAR 系统的任务有 ICESat（Cloud，and land Elevation Satellite，the Ice）（Michael et al.，2005；Schutz et al.，2005；Neuenschwander et al.，2019；Martino et al.，2019）和 GEDI（the Global Ecosystem Dynamics Investigation）（Paul et al.，2015；Stysley et al.，2015；Frese et al.，2018；Coyle et al.，2019），其中 ICESat 估算 CH 和 AGB 的均方根误差（Root mean square error，RMSE）分别为 4.85m 和 58.3t/hm²（Michael，2005）。

在全球尺度上估算 AGB 时，单一数据源往往不足以满足需求，因此需要结合不同类型的数据。传统 AGB 制图通常结合光学遥感和 LiDAR 数据（Baccini et al.，2008）。随着 GNSS-R 技术的不断发展，利用其计算得到的地表面反射率来进行植被遥感成为一个充满潜力且具有挑战性的新领域。由于 GNSS 使用的是 L 波段频率，在森林密度大、云层多以及暴雨等极端条件下具有独特优势。此外，GNSS-R 提供了一种新的数据源，并与传统遥感方式形成互补。在地基和机载平台的 GNSS-R 反演 AGB 的应用中，仅有少数仿真和试验。2011 年，Ferrazzoli 等对森林地区镜面散射系数进行了一系列理论模拟仿真，结果表明散射信号会随 AGB 增加呈下降趋势，利用接收到的功率对 AGB 进行反演是可行的（Ferrazzoli，2011）。2014 年，Egido 等进行了一次关于土壤湿度和 AGB 反演的机载试验，结果表明对于低空 GNSS-R 机载平台，在地表面粗糙标准差小于 3cm 的情况下，反射率偏振比（the reflectivity polarization）与 AGB 之间的相关系数为 0.9，稳定敏感性为 1.5 dB/（100t/ha）（Egido et al.，2014）。同年，Carreno-Lunego 等在欧洲进行了第一次双频多星座 GNSS-R 试验-BEXUS19，结果表明散射不仅发生在土壤上，也发生在不同的森林中，在此基础上对不同 AGB 下的反射率进行了模拟，发现在森林单次反射时，交叉极信号占主导地位，而在多次反射后，共极信号占比最大（Carreno-Luengo et al.，2015）。

随着低轨 GNSS-R 卫星的相继发射，研究表明星载 GNSS-R 不仅可用于海洋遥感，在陆地遥感中如土壤湿度和植被遥感等方面也具有巨大潜力。在星载 GNSS-R 反演 AGB 应用中，Carreno-Luengo 等在 2017 年利用 SMAP（Soil Moisture Active Passive）数据进行了首次全球尺度的星载 GNSS-R 反演土壤湿度和 AGB 的试验，极化比（Polarimetric Ratio）结果在热带雨林区域约为 1.2dB（Carreno-Luengo et al.，2017）。2020 年，Carreno-Luengo 等基于 CYGNSS 数据分析了时延多普勒图（Delay Doppler Map，DDM）中多个观测值与 AGB 的关系，并提出了一个新的观测量：DDM 尾缘长度（TE，length of the Trailing Edge），结果表明 TE 随着 AGB 增大而增加（Carreno-Luengo，2020）。同年，Santi 等基于 CYGNSS 数据将深度学习应用于 AGB 反演，其 AGB 估计精度为 76.4t/hm^2（Santi，2020）。

相比之下，我国在 GNSS-R 植被遥感领域的研究相对较少，仍处于初步阶段。2012 年，吴学睿等基于 Bi-Mimics 模型对农作物生物量进行监测研究，从理论上证明了利用 GNSS-R 进行农作物生物量研究的可行性（吴学睿等，2012）。2018 年，周晓敏等利用 GNSS-R 反演了植被生物量，根据试验得到的干涉复合场（Interference Complex Field，ICF）计算反射率与植被生物量之间的关系来反演生物量，证明了 GNSS-R 技术具备反演 AGB 的可行性（周晓敏等，2018）。

2. 归一化植被指数（NDVI）方面

在植被监测中，常用的工具是基于遥感手段获取的归一化植被指数（Tucker，1979；Myneni et al.，1995；Gitelson et al.，1996；Ke et al.，2015）。NDVI 与植被的光合能力（即植被的绿色活性物质）直接相关，因此与植被冠层的能量吸收密切相关（Myneni et al.，1992；Sellers et al.，1992）。通过监测 NDVI，可以提高我们对区域甚至全球范围内植被覆盖特性和变异性的理解（Shi et al.，2008）。利用 NDVI 可以估算许多植被的性质，如叶面积指数（Leaf Area Index，LAI）（Chen et al.，1996；Fassnacht et al.，1997；Turner et al.，1999；Haboudane et al.，2004），光合有效辐射（Photosynthetically Active Radiation，PAR）（Asrar et al.，1984；Hatfield et al.，1984；Baret et al.，1991；Asrar et al.，1992；Myneni et al.，1997；Cohen et al.，2003），叶片叶绿素浓度（Yoder et al.，1994；Gitelson et al.，1997；Daughtry et al.，2000；Broge et al.，2001；Dawson et al.，2003；Sims et al.，2003），AGB（Todd et al.，1998；Labus et al.，2002；Foody et al.，2003；Zhu et al.，2015）和植被覆盖度（Purevdorj et al.，1998；Gitelson et al.，2002；Li et al.，2013）等。

NDVI 是通过传统光学遥感方式获取植被在不同光谱谱段的吸收和散射特征，并通过相应的波段公式计算得到。目前，已有相关的研究机构提供了区域和全球的 NVDI 产品，主要来源有中分辨率成像光谱仪（MODIS）和高级极高分辨率辐射计（AVHRR）等遥感数据产品。然而，这些产品会受到大气效应、云、土壤效应、积雪、各向异性效应以及光谱效应等因素的干扰（Shi，2008）。

GNSS 作为一个微波系统，可连续发射 L 波段信号，该信号可以穿透云层，对植被和土壤含水量变化敏感。相比传统光学遥感，GNSS-R 在所有天气条件下均能连续获取植被参数变化的优势明显。在地基和机载 GNSS-R 反演 NDVI 方面，Small 等揭示了 GNSS 多路径振幅与植被高度之间存在负相关关系(Small et al., 2010)。Larson 和 Small(Larson et al., 2014)以及 Small 等(Small et al., 2014)提出了一种新的归一化微波反射指数(Normalized Microwave Reflection Index, NMRI),并证明了 NMRI 与 NDVI 之间的相关性。万玮等通过回归模型分析了 GNSS 反射信号振幅与植被含水量之间的关系,发现当植被含水量大于 $1kg/m^2$ 时,其振幅达到饱和(Wan et al., 2015)。郑南山等分析了 GPS 信号的 SNR 与 NDVI 的相关性,结果表明,GPS 反射信号的 SNR 振幅与 NDVI 存在显著的年周期性和季候特性,相关系数约为 0.7(郑南山等,2019)。Lv 等通过双频数据与熵值法融合,进一步验证了 GNSS 反射信号与 NDVI 的相关性(Lv et al., 2022)。然而,在星载 GNSS-R 反演 NDVI 方面,目前仍处于初步验证阶段,且植被参数(包括 NDVI)多数是在土壤湿度反演中作为误差源来研究。2016 年,Camps 等分析了在不同类型地表(即植被覆盖)TDS-1 观测数据与土壤湿度的相关性,以及大尺度范围内土壤湿度和 NDVI 的相关性,结果表明,当 NDVI 较低时,TDS-1 数据与土壤湿度的相关性较高;当 NDVI 增加时,TDS-1 数据与土壤湿度的相关性降低(Camps et al., 2016)。到了 2020 年,Camps 等从衰减和去极化的角度分析了植被对 GPS L1 C/A 码信号的影响,在不同的地面实况下采集数据,结果发现观测数据与 NDVI 有较高相关性(Camps et al., 2020)。

3. 植被含水量方面

随着遥感技术的发展,利用遥感数据进行植被含水量反演已成为当前研究的热点和趋势。遥感技术通过获取大范围、高时效性的地表信息,可以克服传统地面测量方法在空间和时间上的局限性,提供更加全面、及时的植被含水量信息。遥感反演植被含水量的方法主要包括光学遥感、微波遥感和激光雷达遥感等。其中,光学遥感利用植被对不同波段光谱的反射特性,通过植被指数(如 NDVI、增强型植被指数 EVI 等)间接估算植被含水量;微波遥感则利用植被的电磁特性,通过雷达散射系数或被动微波亮温来反演植被含水量;激光雷达遥感则通过激光脉冲的反射特性直接测量植被的三维结构和含水量。然而,不同遥感方法在精度、适用性和数据获取方面存在差异。尽管光学遥感具有较高的空间分辨率和光谱分辨率,但易受大气条件影响,尤其是在云层覆盖时难以获取有效数据。相比之下,微波遥感具有全天候、全天时的优点,但空间分辨率相对较低,且易受地表粗糙度和土壤湿度等因素影响。激光雷达遥感虽然能够提供高精度的三维结构信息,但其数据处理复杂且成本较高。近年来,星载 GNSS-R 技术的出现为植被含水量监测提供了一种新的有效手段。

综观国内外研究现状,目前利用传统遥感技术对植被参数反演的基本理论和方法已相对成熟,且部分机构发布了相关的植被参数数据产品。然而,传统遥感也有其不足之处,如光学遥感对光照条件要求高,易受大气效应、云、土壤效应、积雪、各向异性效应和光谱效应的影响。而 GNSS 作为一个微波系统,可连续发射的 L 波段信号,该信号可以穿透

第 1 章　绪　　论

云层，受天气条件影响较小，且对植被和土壤湿度变化敏感。目前，GNSS-R 反演植被参数取得了丰富成果，特别是在地基 GNSS-R 方面。尽管 GNSS-R 技术取得了一系列成果，但在 GNSS-R 植被参数反演方面仍然存在一些问题和挑战：

①观测平台的局限性：以往大多数的研究主要是利用地基和空基 GNSS-R 实测或仿真数据来开展植被参数反演的可行性分析和论证。然而，地基/空基 GNSS-R 具有覆盖范围较小、时空分辨率低等局限性，难以满足全球范围内大尺度的植被参数反演需求。

②星载 GNSS-R 技术的复杂性：近年来，TDS-1、CYGNSS 等卫星的发射，使星载 GNSS-R 反演大范围、高时空分辨率的植被参数成为可能。然而，相比于地基和空基 GNSS-R 技术，星载 GNSS-R 理论方法和技术体系更加复杂，相关应用研究仍处于起步阶段，特别是在星载 GNSS-R 植被参数反演方面，相关研究较为零散，不够系统和深入。

③反演参数的单一性和精度问题：利用星载 GNSS-R 技术反演得到的植被参数相对单一，主要集中在 AGB 参数的反演。受土壤湿度、地物覆盖类型差异等因素的影响，基于单一星载 GNSS-R 数据反演得到的 AGB 精度和可靠性较差。此外，由于基准图(参考值)更新较慢，时间配准误差较大，给精度评估带来了很大的不确定性。

鉴于各种遥感技术各有优势和不足，挖掘和分析各类遥感数据信息，并根据各自优势进行融合，以充分发挥多源遥感数据的优势(李德仁等，2012；刘茜等，2015；陈琳，2020)，是 AGB 精准反演的热点和难点。星载 GNSS-R 提供了一种新的遥感数据源，因此对星载 GNSS-R 数据与传统遥感数据进行融合具有重要的研究意义。

1.2.4　星载 GNSS-R 土壤湿度反演研究现状

目前，国内外众多学者已经开展了星载 GNSS-R 反演土壤湿度的研究。Chew 等率先发现了 TDS-1 收集的反射数据与土壤湿度之间的相关性(Chew et al.，2016)。Camps 等通过收集并处理 TDS-1 数据，发现 TDS-1 的时延多普勒图(Delay Doppler Map，DDM)的峰值信噪比与土壤湿度有较强的相关性(Camps et al.，2016)。随着星载 GNSS-R 数据源的丰富，Chew 等发现 CYGNSS 有效反射率与 SMAP 土壤湿度之间的线性关系，并在此基础上建立了星载 GNSS-R 土壤湿度线性反演模型(Chew et al.，2018)。然而，除了土壤湿度影响星载 GNSS-R 反射率，植被也会产生很大影响。Carreno-Luengo 等(2019)分析了 CYGNSS 有效反射率和不同土地覆盖类型下的土壤湿度的关系，结果表明，植被对 GNSS 反射信号的影响主要来自树枝和树干部分，冠层的树叶影响较小(Carreno-Luengo 等，2019)。Chew 等(2020)在土壤湿度反演中，通过考虑地表覆盖类型、植被归一化指数(NDVI)大小来确定并修正植被对 GNSS 反射信号的影响(Chew et al.，2020)。但 Yueh 等(2022)发现这种修正方法低估了植被对 GNSS 反射信号的影响(Yueh et al.，2022)。Dong 等在利用 CYGNSS 反演土壤湿度时，也发现反演精度易受植被衰减的影响，并建立了植被校正模型(Dong et al.，2023)。然而，由于植被的影响，在不同的方位角下地表反射率会表现出变化。例如，Suits 等发现在某些情况下，方位角会影响植被冠层的反射率(Suits，1971)。此外，

10

Shibayama 等发现反射系数随植被的方位角、日照角度和冠层特性而变化（Shibayama and Wiegand，1985）。Rohil 等发现，在不同的可观测几何形状下，角度信息对反射系数有很大的影响（Rohil and Mathur，2022）。因此，方位角对星载 GNSS-R 土壤湿度反演影响需进一步研究。

地表温度也影响着星载 GNSS-R 反射率。Zhu 等发现地表温度也影响着星载 GNSS-R 有效反射率，而且影响程度小于土壤湿度，在此基础上构建了顾及地表温度影响的模型（Zhu 等，2022）。Zhang 等分析了土壤湿度和地表温度对 CYGNSS 反射率的耦合影响，并构建了地表温度、粗糙程度和植被效应的改正模型（Zhang 等，2023）。显然以上学者通过考虑植被和地表温度影响来提高星载 GNSS-R 土壤湿度反演的精度和可靠性，但粗糙程度也影响着星载 GNSS-R 有效反射率。2019 年，Clarizia 等提出反射–植被–粗糙度（R-V-R）三元线性回归算法，综合考虑植被和粗糙度对 CYGNSS 有效反射率的影响，并采用 36km×36km 的分辨率估算 3 级网格化的土壤湿度值（Clarizia et al.，2019）。然而，以上的全球土壤湿度反演都是基于一个全球模型，而在实际中全球每个格网内具有不同的环境，单一模型反演全球土壤湿度会带来一定的反演误差。另外，CYGNSS 有效反射率受土壤湿度、植被、地表温度和粗糙程度等许多因素的耦合影响，如果引入过多的参数进行反演，可能会引进更多误差。由于地理差异，星载 GNSS-R 反射率受到土壤湿度、植被、地表粗糙度等许多因素的耦合影响差异较大，使得全球大尺度范围的星载 GNSS-R 土壤湿度反演仍存在极大挑战。

此外，由于土壤湿度、植被和地表温度等地表环境因子的季节效应，不同地区的环境因子的耦合影响分离难度将剧增。Al-Khaldi 等发现 CYGNSS 有效反射率与季风季节相关，且土壤湿度与季节性季风变化具有高相关性，并在此基础上建立了一种南亚季风季节动态绘制的方法（Al-Khaldi et al.，2021）。此外，有效反射率也受植被季节效应影响。Yueh 等发现有效反射率与植被含水量成反比关系，且有效反射率对土壤湿度的敏感性随着植被含水量的增加而降低（Yueh et al.，2022）。由于植被生长的特性，植被含水量会呈现明显的季节性变化（Dong et al.，2018；Feldman et al.，2018；Kim et al.，2017；Wang et al.，2023）。在地表温度方面，Wu 等分析了我国的青藏高原的 CYGNSS 有效反射率、土壤湿度和冻融序列图，发现 CYGNSS 有效反射率受土壤湿度影响较小，主要受冻融状态（主要受地表温度影响）影响（Wu et al.，2020），并且冻融现象具有很强的季节效应。可见，时空变化下植被和地表温度对星载 GNSS-R 有效反射率的耦合影响机制更为复杂。从图 1-2 可以看出，植被含水量和地表温度变化有非常明显的季节规律。CYGNSS 有效反射率、植被含水量和地表温度之间的相关性随着季节的变化而变化。

综上所述，时空变化下不同地表环境因子对星载 GNSS-R 有效反射率的耦合影响难以分离，这成为制约星载 GNSS-R 土壤湿度反演的关键。如何充分利用现有星载 GNSS-R 数据、植被和地表温度数据，构建顾及地理差异和季节效应的星载 GNSS-R 土壤湿度反演模型，对于开发高精度的星载 GNSS-R 土壤湿度反演方法至关重要。

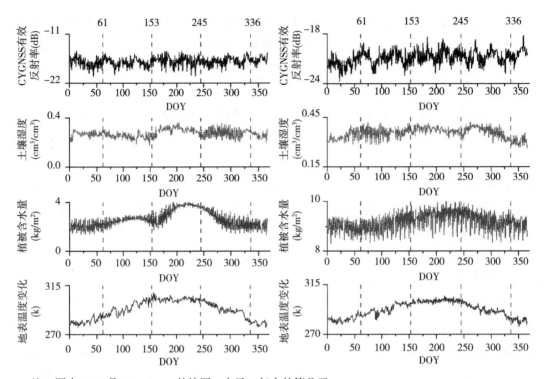

注：图中 DOY 是 Day of year 的缩写，表示一年中的第几天。

图 1-2　2019 年中国区域的 CYGNSS 有效反射率、土壤湿度、植被含水量和地表温度变化

第2章 星载 GNSS-R 理论基础及卫星任务

GNSS-R 是利用经地表反射的 GNSS 信号来反演地表面参数的技术, 其理论基础主要分为两个部分: 接收机接收信号以及根据接收信号处理得到的数据进行理论推导以反演地表参数。本章首先介绍 GNSS 系统; 其次, 阐述 GNSS 信号结构、C/A 码及其相关特性、现有 GNSS 反射信号处理的技术、反射信号特性及反射系数; 再者, 详细推导双基雷达方程推导过程, 并探讨其在星载 GNSS-R 海洋和陆地散射模型中的应用。最后, 介绍星载 GNSS-R 卫星任务, 包括 UK-DMC、TDS-1 和 CYGNSS。本章内容为后续工作奠定理论研究基础。

2.1 GNSS 概述

GNSS 由一个或多个卫星星座及区域增强系统组成, 可以为用户提供导航和定位信息。其中主要系统包括美国全球定位系统(GPS)、中国北斗卫星导航系统(BDS)、俄罗斯格洛纳斯卫星导航系统(GLONASS)以及欧盟伽利略卫星导航系统(Galileo)。GNSS 已经渗透到我们的日常生活中, 极大地提高了人民生活的质量水平。GNSS 卫星拥有丰富的卫星数据源, 具有高空间分辨率和高时间分辨率以及全天候等优势, 其发射 L 波段的数据可用于多种领域, 在测绘领域中可利用反射信号开展土壤湿度反演的实验。

2.1.1 GPS

起初, 在美国国防部、NASA 等政府机构的提议下, 卫星定位业务的发展被启动。该系统第一次试验是在 1960 年进行的。随后, 美国海军于 1967 年继续发展卫星系统, 并首次将星钟安装到卫星上。20 世纪 70 年代, 欧米茄导航系统建成, 其特点是利用相位进行定位, 这是当时世界上第一个无线电导航系统。1973 年, 美国国防部成立了国防导航卫星系统, 即现在的 GPS 系统。目前, GPS 系统是全球应用最广泛的卫星系统, 覆盖率已达 98% 以上, 在轨卫星超过 30 颗, 基本星座由 27 颗卫星组成, 这些卫星分布在 6 个中地球轨道(Medium Earth Orbit, MEO), 每个轨道倾角为 55°, 每四颗卫星分在一个中地球轨道上。中地球轨道高度 20200km, 周期为 11h58min, 正常情况下, 地面可以在同一地点一天内接收两次来自同一颗卫星的信号。随着 GPS 技术的发展, 其信号波段不断丰富。目前, L1 波段(频率为 1575.42MHz, 波长为 19.03cm)包含 C/A 码、P 码、L1C 码和 L1M 码, L2 波段(频率为 1227.6MHz, 波长为 24.42cm)包含 P 码、L2C 码和 L2M 码; 而 L5 波段(频率为 1176.45MHz,

波长为 25.48cm) 则提供更多的数据供我们进行相关的遥感实验。其中，P 码和 M 码属于军用码，具有高精度，仅供美国军方使用；而 C/A 码、L1C、L2C 和 L5 属于民用码，精度相对较低，广泛应用于普通人民的日常生活中。GPS 系统参数如表 2-1 所示。

表 2-1   **GPS 系统参数**

卫星类型	信号频率	轨道运行周期
Block Ⅰ/Ⅱ/ⅡA/ⅡR	L1、L2	
Block ⅡR-M	L2	11h58min
Block ⅡF	L1、L2、L5	

2.1.2　BDS

中国基于国家安全与时代发展的需求，从长远战略角度出发，自主研发了一套全球定位系统，即北斗卫星导航系统(BDS)，并确立了"三步走"的发展战略。在 2000 年底前，完成北斗一号的建设，实现从无到有的跨越，能够为部分区域提供导航和定位服务；2012年底前，完成能够满足亚太地区需求的北斗二号系统的建设；2020 年，完成北斗三号系统，实现为全球提供北斗技术支持的目标。随着 BDS 的不断发展进步和国家持续的研究投入，北斗最终一定能成为全球精度最高、稳定性最强以及覆盖范围最广的全球卫星定位系统。图 2-1 为 2024 年 1 月 3 日凌晨一点的北斗卫星运行轨迹。

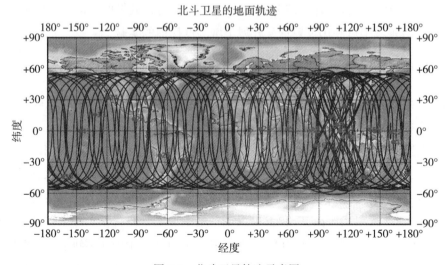

图 2-1　北斗卫星轨迹示意图

北斗三号系统在轨卫星包括倾斜地球同步轨道(Inclined Geosynchronous Satellite Orbit, IGSO)、中国地球轨道(MEO)和地球静止轨道(Geostationary Earth Orbit, GEO)三种轨道卫

星。BDS 系统使用三个波段：B1（频率为 1564.1MHz，波长为 19.22cm）、B2（频率为 1207.1MHz，波长为 24.85cm）和 B3（频率为 1268.5MHz，波长为 23.65cm）。其中 B1 和 B2 属于民用，B3 属于军用。每个波段都有普通测距码和精密测距码。BDS 采用码分多址技术，通过伪随机码区分传播信号，并利用不同的伪随机码进行命名编号。与其他卫星系统相比，北斗系统的主要优势是：一是由三颗不同轨道卫星构成的混合星座，相较于其他卫星系统，具有更多的高轨卫星、较强的抗掩蔽性，在低纬区域，其效果更好。二是北斗可为用户提供多个波段的卫星信号，并通过多种频段联合使用提升定位精度。三是将导航与通讯功能结合，具有定位、导航、短报文通信和灾害救援等功能，具有重要的现实意义。BDS 系统参数如表 2-2 所示。

表 2-2 **BDS 参数**

卫星类型	信号频率	轨道运行周期
IGSO 卫星	B1、B2、B3	23h56min
GEO 卫星	B1、B2、B3	23h56min
MEO 卫星	B1、B2、B3	12h50min

2.1.3 GLONASS

1976 年，苏联启动了卫星导航和定位计划，即 GLONASS，并于 1982 年成功发射了首颗 GLONASS 卫星。苏联于 1995 年将 24 颗 MEO 卫星投入运行，主要用于军事用途，从而提供了强大的战斗能力。但随着苏联的经济下滑，这就造成了 GLONASS 卫星项目投入资金短缺的问题。在 2001 年，GLONASS 卫星的数目减少到个位数。但在 2011 年，GLONASS 迎来好转，项目得到持续推进，并发射了更多 GLONASS 卫星。目前，GLONASS 在轨卫星有 24 颗。

GLONASS 由 MEO 卫星组成，共有三个轨道平面，每个平面分布有 8 颗卫星。卫星轨道高度约为 19100km，半径为 25510km。GLONASS 比 GPS 轨道倾角大，为 65.8°，至少有 5 颗卫星可进行对地观测。GLONASS 采用频分多址技术，使不同卫星占据不同的频点，从而可以通过载波频率的差异来区分不同的卫星信号。每颗 GLONASS 卫星都有相同的测距码，但通过各自的频段发射卫星信号。如果两颗卫星位于同一轨道平面，则可以用相同的载频发射卫星信号。GLONASS 系统参数如表 2-3 所示。

表 2-3 **GLONASS 参数**

卫星类型	信号频率	轨道运行周期
GLONASS-KI	L1、L2、L3	11h15min44s
GLONASS-M	L1、L2	

2.1.4　Galileo

1999 年，欧盟为了打破美国 GPS 垄断的局面，研发并组建了首个供民用的卫星导航系统，即 Galileo。该系统可与 GPS 和 GLONASS 相结合，为用户提供三联式的高精度导航定位服务。Galileo 主要由欧洲航天局（European Space Agency，ESA）创建。然而，由于与其他国家在频率使用权上存在争议，加上欧盟内部金融危机导致资金短缺，该项目的进展一度较为缓慢。直到 2016 年，随着这些问题逐渐得到解决，Galileo 才开始全面恢复其定位和导航服务的能力。

Galileo 由 30 颗卫星组成，其中 27 颗为工作卫星，3 颗为后备卫星。这些卫星平均分布在 3 个中高度地球轨道上，卫星轨道高度约为 23222km，轨道半径为 29601km，轨道倾角为 56°。这样可以确保在任何地方都能随时观测到至少 6 颗卫星。Galileo 卫星发射的卫星信号采用了 5 种不同的频率，其中 E1 载波的频率和波长分别为 1575.42MHz 和 19.03cm；E5 载波的频率和波长分别为 1176.45MHz 和 25.5cm；E5a 载波的频率和波长分别为 1207.14MHz 和 24.85cm；E5b 载波的频率和波长分别为 1191.795MHz 和 25.17cm；E6 载波的频率和波长分别为 1278.5MHz 和 23.46cm。

Galileo 主要服务于民用领域，是全球首个民用卫星导航系统，为欧盟各国提供高达 1m 的定位精度。相较于美国 GPS 系统提供的 10m 的民用精度，Galileo 提供了更优的实时高精度导航和定位服务。Galileo 参数如表 2-4 所示。

表 2-4　　　　　　　　　　　　　　　**Galileo 参数**

卫星类型	信号频率	轨道运行周期
FOC	E1、E5、E5a、E5b、E6	14h4min45s
IOV	E1、E5、E5a、E5b、E6	

综上所述，GNSS 已形成多模式、多频率的发展格局，这为提高 GNSS-IR 技术在积雪深度、土壤湿度等地面参数的高精度反演带来了新的机遇。该技术能够有效地提高监测与探测的效率、降低监控费用、提高数据分析的精度。同时，它也能更好地满足研究者的需要。

2.2　GNSS 信号结构及处理

2.2.1　GNSS 信号结构

GNSS 卫星所发射的信号在结构上包含三个层次：载波、伪码和数据码。伪码和数据码通过调制依附在正弦波形式的载波上，然后卫星将调制好的载波信号播发出去。在 GPS

卫星中，使用不同的 L 波段频率发射载波无线信号，其中 L1 载波频率为 1575.42MHz，L2 载波频率为 1227.60MHz。对于任意载波，其频率与波长有以下关系：

$$\lambda = c/f \tag{2-1}$$

根据这一关系，可以计算出 L1 载波的波长约为 19cm，L2 载波的波长约为 24cm。卫星中的关键核心设备是原子钟，其基准频率 f_0 为 10.23MHz。f_0 与上述两个载波频率之间的关系如下：

$$f_1 = 154 \cdot f_0 \tag{2-2}$$

$$f_1 = 120 \cdot f_0 \tag{2-3}$$

GPS 导航卫星信号的产生原理如图 2-2 所示。在图 2-2 中，×为相乘，÷为相除，+为相加，BPSK(Binary Phase Shift Keying)表示二进制相移键控，dB 为分贝。BPSK 能将模拟的信号转换变成数据值，并为使用相位偏离的复数波浪组合去展现信息键控移相的一种方式。BPSK 利用了基准的正弦波以及相位反转的波形，将一种相位状态视为 0，且另一种相位状态视为 1，从而可在相同时间内传送和接收 2 值(1 比特)的信息。

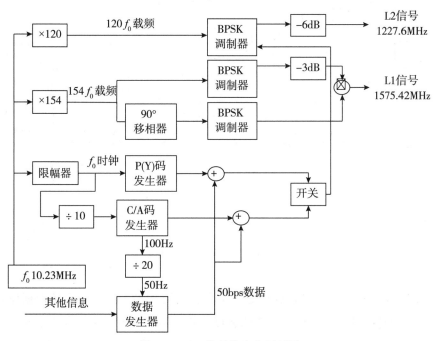

图 2-2　GPS 信号的产生原理图

2.2.2　C/A 码及其相关特性

C/A 码是由 m 序列优选对组合构成的 Gold 码。它是由两个等长度且相关极大值最小的 m 序列码逐位进行模 2 加所组成。通过改变两个 m 序列的相对相位可以得到不同的码，这些码由这两个 m 序列所产生。例如，长度为 $P = 2^n - 1$ 的 m 序列，可以通用上述的方法

生成 P 个 Gold 码。其中的任意两个码的最大互相关值等于组成它们的两个 m 序列的最大互相关值。互相关函数的旁瓣不同，然而其峰值不大于自相关的最大值，这就是 Gold 码可以普遍用于多址通信的原因。同时也是 GPS 使用 Gold 码做为 C/A 码的关键考虑因素。

在图 2-3 中，$G1(t)$ 和 $G2(t)$ 分别为两个 m 的序列，×为相乘，÷为相除，+为相加。C/A 码是在两个 10 级反馈位移寄存器下生成的。其中，两个位移寄存器在每周日子夜零时，在置 +1 脉冲作用下都居于全 1 的状态下，同时在码率 1.023MHz 的驱动下，两个位移寄存器分别生成了码长度为 $P = 2^{10} - 1 = 1023$ 的两个 m 系列 $G1(t)$ 和 $G2(t)$，其周期都为 1ms。其中，$G2(t)$ 序列经相位选择器，可以输出另一个与 $G2(t)$ 序列平移相等价的 m 序列，然而与 $G1(t)$ 模 2 相加，从而得到 C/A 码。

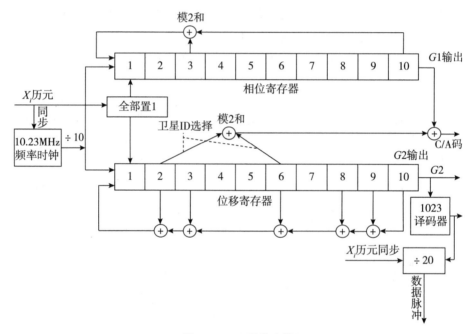

图 2-3　C/A 码发生器

在实际生成 C/A 码时，G2 的输出是基于平移的可加性，而不是直接根据位移寄存器的末级输出。可选择其中两级进行模 2 和运算，并将结果输出。这个方法生成的是一个和 G2 序列平移相等价的新序列，其平移量取决于选取哪两级进行模 2 和运算。通过图 2-2 的 C/A 码生成器，可得到 55 种 C_{10}^2 + 10 种相互不同的 C/A 码。在这些不同的 $G(t)$ 码中，选取 32 个码，将其命名为 PRN1，…，PRN32，并分配给各个 GPS 卫星。由于 C/A 码较短，一般 1s 可搜索 1000 次，故 C/A 码可用于捕获各个卫星信号、为伪距测量提供观测量以及辅助获取 P 码。相关特性是 C/A 码最主要特征之一，当弱信号的自相关峰值大于强信号的互相关峰值，才能在强噪声状态下捕捉到较弱的信号。如果码是正交的，理论上其互相关结果应该为零。然而，Gold 码并不是完全正交的，而是准正交的，故其最后结果并不为零，而是接近于零的数值。Gold 码的互相关值如表 2-5 所示。

表 2-5 **Gold 码的互相关值**

码周期	移位寄存器阶数	标准化互相关值	发生概率
$P = 2^n - 1$	$n =$ 奇数	$\begin{cases} -\dfrac{2^{(n+1)/2} + 1}{P} \\ -\dfrac{1}{P} \\ \dfrac{2^{(n+1)/2} + 1}{P} \end{cases}$	0.25 0.5 0.25
$P = 2^n - 1$	$n =$ 偶数，但不是 4 的倍数	$\begin{cases} -\dfrac{2^{(n+1)/2} + 1}{P} \\ -\dfrac{1}{P} \\ \dfrac{2^{(n+1)/2} + 1}{P} \end{cases}$	0.125 0.75 0.125

2.2.3 GNSS 反射信号处理技术

1. 传统 GNSS-R 观测技术(cGNSS-R)

传统 GNSS-R 观测技术(cGNSS-R)主要是利用 GNSS 的反射信号与本地复制的 PRN 码在不同的码延迟和多普勒频移上进行相关处理。其原理如下：

由于 GNSS 信号经过远距离传播后，到达接收机的信号功率衰减较大，尤其是反射信号，需要通过信号相关处理才能完成信号的捕获与跟踪。由于 GNSS 反射信号较弱，在噪声之中容易被淹没，因此在进行信号跟踪前需要对信号进行相关运算以提高信噪比。

GNSS-R 接收机接收到的反射信号的表达式为

$$r(t) = A(t)D(t - \tau(t))a(t - \tau(t))\exp\left[-i2\pi t(f_c + f_d) \right] \tag{2-4}$$

式中，$r(t)$ 为接收到的信号；t 为信号到达接收机时刻；$A(t)$ 为振幅；D_t 是导航电文；$a(t)$ 为伪随机码；f_c 表示载波频率；f_d 表示多普勒频移值；$\tau(t)$ 为时间延迟。

式(2-4)中的反射信号将与接收机本地的复制信号进行相关处理，其本地复制信号为

$$r'(t) = c(t - t')\exp\left[-i2\pi f't + \phi \right] \tag{2-5}$$

式中，$c(t - t')$ 为本地的 PRN 复制码；t' 是接收到的时间延迟值；f' 为接收到的多普勒频移值。与直射信号处理相似，反射信号与本地复制码的相关函数可以表示为

$$
\begin{aligned}
w(t', f') &= \frac{1}{T_i} \int_0^{T_i} r(t)r'(t)\,\mathrm{d}t \\
&= Ad \int_0^{T_i} \left[c(t - \tau)c(t - t') \right] \exp(i2\pi(f_c + f_d - f') + \phi)\,\mathrm{d}t
\end{aligned}
\tag{2-6}
$$

由于调制码 $c(t)$ 是伪随机码序列，其最优估值可以表示为伪随机码的自相关函数（Auto-Correlation Function，ACF）：$\langle c(t-\tau)c(t-t')\rangle$，则式（2-6）变为

$$w(t',f') = \frac{Ad}{T_i}\langle c(t-\tau)c(t-t')\rangle \int_0^{T_i} \exp(i2\pi(f_0+f_d-f')t+\phi)\,\mathrm{d}t \quad (2\text{-}7)$$

式中，当信号传播时间延迟 $\tau = 0$ 时，ACF 可以表示为复制信号延迟 t' 的函数，则 ACF 变为

$$\Lambda(t') = \langle c(t-\tau)c(t-t')\rangle = \begin{cases} 1 - |t'|/T_c, & |t'|/T_c \leqslant 1 \\ 0, & |t'|/T_c > 1 \end{cases} \quad (2\text{-}8)$$

式中，$\Lambda(t')$ 为理想的自相关函数；T_c 为 PRN 码片的宽度。由于互相关的误差在可接受范围内，式（2-8）可以应用到反射信号相关函数中，将其代入式（2-7）可得

$$w(t',f') = \frac{Ad}{T_i}\Lambda(\tau-t')\frac{\sin(\pi(f_0+f_d-f')T_i)}{\pi(f_0+f_d-f')T_i}\exp(i2\pi(f_0+f_d-f')t+\phi) \quad (2\text{-}9)$$

式中，$\Lambda(\tau-t')\dfrac{\sin(\pi(f_0+f_d-f')T_i)}{\pi(f_0+f_d-f')T_i}$ 为模糊度函数（WAF），表示为

$$\chi(\tau-t',f_0+f_d-f') = \Lambda(\tau-t')\frac{\sin[\pi(f_0+f_d-f')T_i]}{\pi(f_0+f_d-f')T_i} \quad (2\text{-}10)$$

GNSS 反射信号与直射信号有所不同。直射信号只需对单个信号进行捕获处理，反射信号由于地表粗糙度的影响，并非完全镜面反射，故有不同地方散射回来的信号，通常需要设置不同的搜索延迟值与多普勒偏移值来获取镜面反射点附近的散射信号，并将其存储于时延多普勒图（Delay doppler Map，DDM）中。

由于 GNSS 反射信号较弱，可以通过提升相干累加时间（T_i）来提高信噪比。由于相干累加时间较短（通常为 1ms），在该时间内反射表面的变化不大，散射信号变化也不大，因此可认为是相干的。信号的相干时间为海面相对接收机相对静止的时间，它会随反射面的变化而变化。由于卫星与接收机都在运动中，不同时刻对应的反射面不同，且海面本身也在变化，这些因素都会导致发射面的物理特性发生改变。因此，接收机在固定（地基）或者移动较慢的机载平台中，信号在海面相干时间相对较长（约 20ms），而在星载等高速运动的平台时，相干时间较短（约 1ms）。由于海面状况的变化，最佳相干积分时间很难确定。如果选择的积分时间大于海面相干时间，则意味着反射面状态发生了变化，其结果会导致不同反射面的散射信号之间的相消干涉，使得信号功率衰减；如果选择的积分时间小于海面时间，则获取的相干功率会降低，频率带宽增加导致 DDM 的分辨率降低。经过分析及实验，星载 GNSS-R 任务如 UK-DMC、TDS-1 以及 CYGNSS 的最佳相干累加时间为 1ms。

然而，仅靠相干累加提升的信噪比是不够的，需要结合非相干累加才能得到合理的信噪比。非相干累加的平均功率公式如下

$$\hat{P}(t',f') = \frac{1}{n}\sum_{i=1}^{n} |w(t',f')|^2 \quad (2\text{-}11)$$

式中，n 为非相干累加的次数。通常非相干累加时间次数为 1000，每次相干累加时间为 1ms，故 1s 为标准的非相干累加时间（如 TDS-1）。也可以根据实际情况增加或减小非相干累加时间，但是其分辨率会相应降低或提高。为了提高空间分辨率，自 2019 年 7 月以后，CYGNSS 采用了 0.5s（即 500ms）的非相干累加时间。

cGNSS-R 技术由于采用本地 PRN 复制码，可以容易区分接收的 GNSS 反射信号卫星号，相对其他技术具有较高的 SNR，因此只需较小的天线便可接收 GNSS 反射信号。目前，TDS-1、CYGNSS 等任务均采用该技术。由于 cGNSS-R 技术只能用公开的民用码 C/A 码，而 C/A 码的一个码宽度大约为 293m，测距精度较差，不适合测高；但是由于 C/A 码具有较强的自相关性，具有较大的相关函数峰值，因此适用于海面风速测量以及土壤湿度测量、植被监测等陆地应用。

2. 干涉 GNSS-R 技术（interfermetric GNSS-R，iGNSS-R）

干涉 GNSS-R 技术（interfermetric GNSS-R，iGNSS-R）的原理和 cGNSS-R 技术类似，均利用 GNSS 反射信号，但是不同的是，iGNSS-R 是利用反射信号直接与直射信号相关：

$$Y^i(t,\ \tau,\ f) = \frac{1}{T_i}\int_t^{t+T_i} S_R(t')S_D^*(t'-\tau)\exp(i2\pi(f_c + f_d - f') + \phi)\mathrm{d}t' \qquad (2\text{-}12)$$

式中，$S_R(t')$ 为反射信号；$S_D^*(t'-\tau)$ 为直射信号。

由于 iGNSS-R 技术在直射信号和反射信号的互相关中进行了差分处理，使得码延迟和多普勒频移量相较于 cGNSS-R 技术有所减小，从而更方便信号的捕获与追踪。此外，iGNSS-R 技术不仅可以将反射信号与直射信号相关，还可以与其它更大功率、更宽带宽、更高 SNR 的信号进行相关，例如卫星无线电信号、卫星电视信号等，因此具有更高的测高精度。然而，iGNSS-R 技术也存在一些局限性。由于无法直接识别接收到的 GNSS 直射信号的 PRN 号，因此难以通过 GNSS 直射信号 PRN 号区分不同的 GNSS 卫星信号源，只能由不同的码延迟和多普勒频移来确定 PRN 号。此外，由于直射信号功率低且微弱，需要使用更大的直射天线来接收直射信号，导致设备体积较大且价格昂贵。

3. 重构 GNSS-R 技术（reconstructed GNSS-R，rGNSS-R）

重构 GNSS-R 技术（reconstructed GNSS-R，rGNSS-R）的原理与 cGNSS-R 技术类似，其区别在于 rGNSS-R 利用半无码技术来复原 P（Y）码，将得到的 P（Y）码用来与反射信号做相关，从而得到相关结果。与 cGNSS-R 相比，rGNSS-R 利用了更大的带宽的码，在保留 cGNSS-R 优点的同时，还在测高方面具有更大的优势。

4. 部分干涉 GNSS-R 技术（partial iGNSS-R，piGNSS-R）

部分干涉 GNSS-R 技术（partial iGNSS-R，piGNSS-R）的原理与 iGNSS-R 技术类似，其区别在于在信号相关处理之前需先剔除直射信号中的 C/A 码，将剩余的 P 码和 M 码与反射信号进行相关。由于 piGNSS-R 使用了更宽带宽的 P 码和 M 码，其测高精度与 iGNSS-R 相比会更好。然而，由于 C/A 码的去除会带来约 3dB 的信号功率损失，因此需要增大接收天线的增益以提升接收功率。

为了更直观地分析以上不同 GNSS-R 技术的特点，表 2-6 列出了不同 GNSS-R 技术的优缺点。

表 2-6 不同 GNSS-R 技术的优缺点

GNSS-R 观测技术	特点及优点	缺点
cGNSS-R	(1) 采用本地复制码； (2) 具有较高相关功率； (3) 所需天线较小； (4) 容易区分卫星号	(1) 只能用 C/A 码； (2) 空间分辨率低； (3) 较大的码延迟和多普勒频移
iGNSS-R	(1) 可以与任何相关信号相关； (2) 相关的信号带宽，具有较高空间分辨率； (3) 差分处理减小码延迟以及多普勒频移	(1) 相关信号功率较小； (2) 较大接收天线； (3) 区分卫星号难度大
rGNSS-R	(1) 较高 SNR； (2) 空间分辨率高； (3) 容易区分卫星号	较大的码延迟和多普勒频移
piGNSS-R	(1) 较高测高精度； (2) 空间分辨率高	(1) 相关信号功率低； (2) 需要较大接收增益

2.3 GNSS 反射信号特性

2.3.1 电磁波

电磁场是一种没有质量的非实物粒子，一个空间位置可以同时存在多个场，这些场形成一个场，即合成场。电磁场充满了宇宙和我们的生活空间，且没有固定的形态。物质振动的传播形成了波，波是物质的一种属性。电磁波是电磁场的一种属性，是电磁场这种特殊物质的振动传播，描述了电磁场随时空变化并呈波动的状态(杨东凯等，2012)。

在交变的电磁场中，场向量和场源均是关于空间位置和时间的函数。在交变电磁场中，当任意一个坐标分量跟随着时间和空间变化时，该变化一般为正弦运动，其振幅和相位初始值也是空间坐标的函数。例如，电场强度 E，当其随时间 t 和空间 r 做正弦规律变化并按一定的频率 w 改变时，可以将其表示为(杨东凯，2012)

$$E(t, r) = \sqrt{2} \cdot E_0(t, r)\cos[wt - \phi_r(r)] \tag{2-13}$$

式中，$\phi_r(r)$ 是关于 t 和 r 的相位差。在相同时刻，等幅面是由同一空间振动的点所构成的面；在相同时刻，等相面是由同一空间振动相位的点所构成的面，也称为波阵面。电磁波根据等相面的形状可分为三种基本类型：平面波、圆柱波和球面波（杨东凯，2012）。

2.3.2 电磁波的极化

GNSS 信号也属于电磁波的一种。它可通过频率、功率和极化等特性来描述。电磁波的极化定义为电磁波电场强度的方向和幅值，即随着时间变化，电场强度向量的端点在空间运动所产生的轨迹（马小东，2013）。

假定分布均匀的平面波沿 z 轴方向传播，且磁场强度和电场强度均与 z 轴所在的平面相互垂直。此时，水平分量 E_x 和垂直分量 E_y 可由电场强度 E 分解得到，它们是相互正交的，且其频率和传播方向一致（马小东，2013），即

$$\begin{cases} E_x = E_{x0}\cos(wt + \phi_x) \\ E_y = E_{y0}\cos(wt + \phi_y) \end{cases} \tag{2-14}$$

通过三角运算，可以得到向量 E 端点的运动轨迹方程，即

$$\left(\frac{x}{E_{x0}}\right)^2 + \left(\frac{y}{E_{y0}}\right)^2 - 2 \cdot \frac{x}{E_{x0}} \cdot \frac{y}{E_{y0}} \cdot \cos(\phi_y - \phi_x) = \sin^2(\phi_y - \phi_x) \tag{2-15}$$

一般情况下，将电磁波的极化划分为三种方式：线极化、圆极化和椭圆极化，如图 2-4所示。其划分依据是 E_x 和 E_y 的振幅和相位之间的矢量关系。

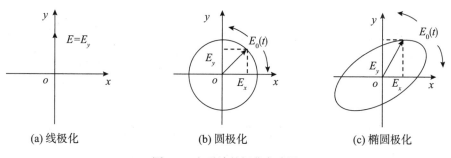

(a) 线极化 (b) 圆极化 (c) 椭圆极化

图 2-4 电磁波的极化方式图

2.3.3 反射信号数学描述

当 GNSS 信号经过地表面的反射时，由于不同反射区域的共同影响，会造成 GNSS 信号的散射。在机载和岸基实验中，其反射区域的面积相对较小，由地球曲率所产生的作用可忽略。不同的参数变量和 GNSS 反射信号之间的相互关系如图 2-5 所示（Huai-Tzu，2005；路勇，2009）。

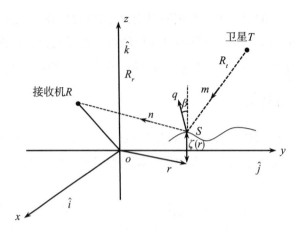

图 2-5 反射信号关系示意图

图 2-5 中，T 为发射机；R 为接收机。假定镜面反射点 S 的坐标为 $(x,\ y,\ \zeta)$，其中 $\zeta = \zeta(x,\ y)$ 受反射面高度变化影响。$\boldsymbol{n}$ 为 S 距 R 的单位向量；$\boldsymbol{r} = (x,\ y)$ 为所处位置的点在水平方向的向量；$\boldsymbol{m}$ 为 T 距 S 的单位向量。由几何知识则有

$$\boldsymbol{m} = \frac{\boldsymbol{R}_t}{R_t} = \frac{\boldsymbol{S} - \boldsymbol{T}}{|\boldsymbol{S} - \boldsymbol{T}|} \tag{2-16}$$

$$\boldsymbol{n} = \frac{\boldsymbol{R}_r}{R_r} = \frac{\boldsymbol{R} - \boldsymbol{S}}{|\boldsymbol{R} - \boldsymbol{S}|} \tag{2-17}$$

式中，$R_t = |\boldsymbol{T} - \boldsymbol{S}|$ 和 $R_r = |\boldsymbol{R} - \boldsymbol{S}|$ 分别是 T 和 R 距 S 的长度；$\boldsymbol{q}$ 为反射信号，其定义为

$$\boldsymbol{q} = k(\boldsymbol{n} - \boldsymbol{m}) = (q_x,\ q_y,\ q_z) = (q_\perp,\ q_z) \tag{2-18}$$

式中，$k = \pi/2$；λ 为 GNSS 信号波长；q_z 为反射信号与 z 轴的夹角；q_x，q_y，q_z 分别是反射向量在 x，y，z 轴方向的分量；$q_\perp = (q_x,\ q_y)$ 是反射信号的水平方向分量。

2.3.4 GNSS-R 反射系数

在 GNSS 信号反射的过程中，反射一般发生在空气与反射面所接触的地方。反射信号会在不同的反射面和不同的信号入射角下，形成不同的反射特征。菲涅耳反射系数决定了电磁波的入射信号与反射信号之间的能量关系。菲涅耳反射系数定义如式（2-19）～式（2-22）所示（Zavorotny et al., 2000）：

$$\Re_{VV} = \frac{\varepsilon\sin\theta - \sqrt{\varepsilon - \cos^2\theta}}{\varepsilon\sin\theta + \sqrt{\varepsilon - \cos^2\theta}} \tag{2-19}$$

$$\Re_{HH} = \frac{\sin\theta - \sqrt{\varepsilon - \cos^2\theta}}{\sin\theta + \sqrt{\varepsilon - \cos^2\theta}} \tag{2-20}$$

$$\Re_{RR} = \Re_{LL} = \frac{1}{2}(\Re_{VV} + \Re_{HH}) \tag{2-21}$$

$$\Re_{LR} = \Re_{RL} = \frac{1}{2}(\Re_{VV} - \Re_{HH}) \tag{2-22}$$

式中，θ 为入射高度角；ε 为复介电常数；"H" 为在水平方向的线极化；"V" 表示在垂直方向的线极化；"R" 为右旋圆极化；"L" 为左旋圆极化。

由式（2-19）~ 式（2-22）可知，决定菲涅耳反射系数大小的主要变量为 θ 与 ε，其方程表示如下：

$$\varepsilon = \varepsilon' - j\varepsilon'' = \varepsilon' - 60 \cdot j\lambda\sigma \tag{2-23}$$

图 2-6 为两种介质的菲涅耳反射系数与入射角之间的关系。从图 2-6 中可以看出，相同介质下其极化分量会随温度的不同产生相对应的改变，且不同介质下同一极化的分量变化相差较大。反射信号的左旋极化分量随着入射角度的增大而上升，右旋极化分量随着入射角度的增大而下降；反射信号在垂直方向的极化分量随入射角度的增加而上升，在水平方向的极化分量随入射角度的增加而下降。因此，可得到同一极化分量在不同介质下变化

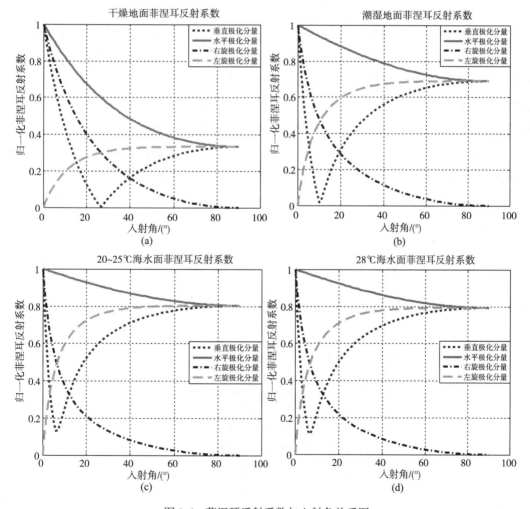

图 2-6 菲涅耳反射系数与入射角关系图

方式是一样的。当入射角度达到一定值时，其反射信号会产生极化方式反转现象，即从右旋极化方式变成左旋极化方式。介质特性主要决定了反射信号的极化方式，且随 GNSS 信号入射角(卫星高度角)度数的变化而改变。例如，在 GNSS-R 遥感技术中，右旋极性的直射信号一般先到达反射面(海平面)，经反射后，反射信号会产生极性的旋转，变成以左旋圆极化信号为主的分量，并随着入射角度的增大，其左旋分量增大。一般情况下，GNSS-R 接收机设计时主要采用左旋极化方式，其目的是使其接收到的信号为反射信号。然而，在特殊需求下，接收机需对反射信号的极化分量进行相应的处理。这些处理方式一般是依据不同的信号极化的特点，接收机使用的天线接收信号方式一般为利用垂直极化和水平极化两种反射信号的方式(Rodriguez-Alvarez et al., 2009)。

2.3.5　菲涅耳反射区特征

目前，土壤湿度传感器和卫星遥感技术均存在不足之处，而 GNSS 技术具有多源多频、时空分辨率高、可实现实时且连续的信号监测的优势，因而其应用前景广阔。在此基础上，本节深入分析 GNSS 反射波的有效反射区及反射点轨迹，以期确定 GNSS 土壤湿度反演的有效区域。法国物理学家奥古斯丁·让·菲涅提出菲涅耳反射(Fresnel Reflection)原理，该原理描述了两种不同折射率介质中光线的反射与折射现象，并由此导出了相干性概念。同时，我们还将研究不同次声波在不同位置处所产生的效应与次声波相位之间的关系，即惠更斯-菲涅耳原理，并将其应用于远场和近区绕射。当电磁波垂直于反射面时，入射角最大，反射信号强度最弱；反之，入射角越小，反射强度越强。当信号在反射过程中，反射点在同一个反射面，GNSS 接收机与信号源之间的相对位置及反射示例如图 2-7 所示。

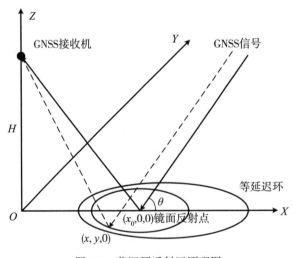

图 2-7　菲涅耳反射区原理图

从图 2-7 可以看到，当 GNSS 信号在点 $(x_0, 0, 0)$ 处反射时，传播到接收机的路程和

时间最短；但在点 $(x, 0, 0)$ 处反射时，信号进入到接收机路程和时间相对较长。两者之间的路径差的表达式为

$$\delta = \sqrt{x^2 + y^2 + H^2} - x\cos\theta - H\sin\theta \tag{2-24}$$

式中，δ 为两个反射信号的路径差；θ 为入射角。此时，椭圆的长半轴和短半轴分别用 a 和 b 表示，其表达式为

$$a = \frac{\sqrt{\delta^2 + 2\delta H\sin\theta}}{(\sin\theta)^2} \tag{2-25}$$

$$b = \frac{\sqrt{\delta^2 + 2\delta H\sin\theta}}{\sin\theta} \tag{2-26}$$

当电磁波波长 λ 是路径差 δ 的一倍时，此刻的椭圆即为菲涅耳第一反射区。第一菲涅耳反射区的长半轴和短半轴分别用 a_1 和 b_1 表示：

$$a_1 = \frac{b_1}{\sin\theta} \tag{2-27}$$

$$b_1 = \frac{\sqrt{\lambda^2 + 4\lambda h\sin\theta}}{2\sin\theta} \tag{2-28}$$

第一菲涅耳反射区是反射信号中包含地表环境参数最多的区域。菲涅耳反射区主要受卫星高度角、接收机天线到地面的垂直距离和载波波长影响，而测站接收卫星反射信号的方向则受卫星方位角的影响。当 GNSS 接收机天线中心至地面的垂直距离一定时，使用 L2 频段在卫星高度角为 5°、15° 和 25° 时，菲涅耳反射区如图 2-8 所示。

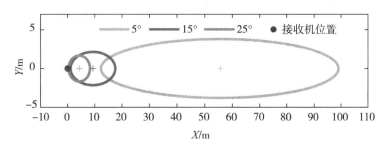

图 2-8　不同卫星高度角下的菲涅耳反射区

在图 2-8 中，横轴为接收机天线水平方向菲涅耳反射区的范围，纵轴为接收机天线垂直方向菲涅耳反射区的范围。随着卫星高度角的增加，菲涅耳反射区距离接收机天线的位置越近，其长半轴变短，面积也随之减小，两者之间呈负相关关系。但是，卫星高度角太低会受地物地貌的遮挡，导致部分反射信号缺失。当接收机天线高度分别为 2m、4m、6m 和 8m 时，菲涅耳反射区的分布如图 2-9 所示。

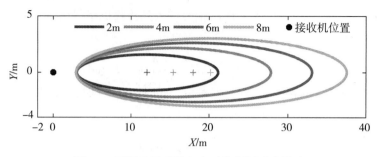

图 2-9　不同卫星天线高度下的菲涅耳反射区

在图 2-9 中，随着卫星天线高度的增加，菲涅耳反射区的长半轴变长，面积也随之增大，两者之间呈正相关关系。综合图 2-8 和图 2-9 的结果可知，菲涅耳第一反射区面积的大小与卫星高度角以及卫星天线高度有关。因此，在进行卫星信号数据采集时，应选择适宜的接收机天线高度，并选取 5~25° 之间的卫星高度角范围。以保证较大的菲涅耳反射区的面积，从而获得更多质量可靠的数据。

2.4　双基雷达方程和 GNSS-R 散射模型

上述内容详细介绍了 GNSS 信号的结构、处理方法及其反射信号的特性。在星载 GNSS-R 应用中，关键步骤是对接收到的反射信号进行处理，并构建反演地表关键参量的模型。反射信号通过时延-多普勒图（DDM）进行记录，基于 DDM 可以反演出反射面的相关信息。由于星载 GNSS-R 系统采用 L 波段导航信号，基于双基雷达系统的基本原理，本章不仅推导了双基雷达方程，还详细阐述了海洋和陆地散射模型的构建过程。这些理论为后续基于星载 GNSS-R 技术进行植被参数反演研究提供了坚实的基础，同时也为海洋环境监测和陆地表面特征的精准遥感奠定了理论支撑。通过对散射模型的深入研究，能够进一步提升星载 GNSS-R 系统在不同应用领域的反演精度与适用性，尤其在海洋波浪、土壤湿度、冰雪覆盖等方面具有广泛的潜在应用价值。

2.4.1　双基雷达方程

图 2-10 展示了单基雷达的工作原理。雷达通过发射电磁波照射目标，并接收目标反射回来的电磁波回波信号。通过分析这些回波信号，可以推导出目标的多个关键参数，包括目标的大小、方位、距离以及移动速度等信息。单基雷达系统的基本原理在于测量回波信号的强度、时延以及频率变化，结合发射信号的已知特性，经过复杂的信号处理和算法计算，从而实现对目标的探测和定位。

如图 2-10 所示，假设雷达发射功率为 P_t，电磁波传播到目标 P 的功率密度为

$$S_1 = \frac{P_t G_t}{4\pi R_1^2} \tag{2-29}$$

式中，P_t 为发射机功率；G_t 为反射天线对准目标的方向增益；R_1 为发射机与反射点的直线距离。

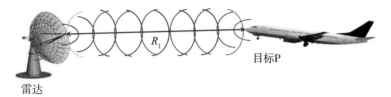

图 2-10   单基雷达工作原理

假设目标散射截面积为 σ，接收天线处回波的功率 P_r 为

$$P_r = S_1 A_r = \frac{P_t G_t \sigma A_r}{(4\pi)^2 R_1^2 R_1^2} \tag{2-30}$$

式中，A_r 是接收的有效面积，不仅与接收天线的物理面积有关，而且与来波方向有关，可以表达为

$$A_r = \frac{G_t \lambda^2}{4\pi} \tag{2-31}$$

将式（2-31）代入式（2-30）中可得

$$P_r = \frac{P_t G_t^2 \sigma \lambda^2}{(4\pi)^3 R_1^4} \tag{2-32}$$

由于单基雷达共用收发天线，因此其天线增益 A_r 与反射天线增益一样，且发射与反射的路程也相同；而在双基雷达中，发射与接收天线增益不同，且发射与反射的路程也不相同，如图 2-11 双基雷达模式示意图所示。

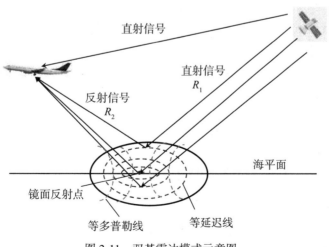

图 2-11   双基雷达模式示意图

在进行变化后，式(2-32)变为

$$P_r = \frac{P_t G_t G_r \sigma \lambda^2}{(4\pi)^3 R_1^2 R_2^2} \tag{2-33}$$

式(2-33)就为标准的双基雷达基本公式。其中，R_1 为直射信号路径，R_2 为反射信号路径，σ 为目标散射截面积。

目标散射截面积 σ 表示信号经过反射面后的损失量。通常，该量与反射面性质相关。根据双基雷达基本公式对接收回到的信号进行分析，可以推导出反射面性质的变化。在星载 GNSS-R 中，由于反射信号来自海洋和陆地表面的不同区域，因此可以通过求取双基雷达公式中的 σ 来获取地球表面参数及其变化。由于海洋和陆地表面介质不一样，所受到的影响因素也不一样，因此有必要根据海洋和陆地的特性构建不同的模型。下面将详细介绍 GNSS-R 海洋和陆地的散射模型。

2.4.2　GNSS-R 海洋散射模型

Zavorotny 和 Voronovich 在双基雷达方程的基础上，利用基尔霍夫光学近似(Kirchhoff Approximation Geometric Optics，KA-GO)模型，提出了基于海面 GNSS-R 的散射模型即 Z-V 模型(Zavorotny，2000)：

$$P_r(\tau', f') = \frac{T_i^2 P_t \lambda^2}{(4\pi)^3} \iint_A \frac{G_t G_r \sigma_0}{R_t^2 R_r^2} \chi^2(\tau' - \tau, f' - f) \, \mathrm{d}A \tag{2-34}$$

式中，P_r 为接收机接收到的反射功率，为时间延迟 ($\tau' - \tau$) 和频率的函数；T_i 为相干积分时间；P_t 为卫星发射功率；λ 为 GNSS 载波信号波长；G_t 为发射天线增益；G_r 为接收天线增益；σ_0 表示双基雷达散射截面系数；R_t 和 R_r 分别为直射路径距离和反射路径距离；χ 是模糊度函数；A 为有效散射区。

在 GNSS-R 电磁波散射模型中，与反射面性质相关的变量是散射截面 σ_0。通过对接收到的信号根据 GNSS-R 双基雷达基本公式进行推导，可以得到反射面性质的变化，因此估算 σ_0 是 GNSS-R 遥感技术的核心。对于陆地、海冰和海面等地表，由于具有不同的粗糙度、盐度等特性，它们具有不同的 σ_0。粗糙度是影响 σ_0 的重要参数，一般用高度的标准差 Δh 来衡量粗糙度大小。该值是判断反射面性质的重要指标，其判断准则为"瑞利准则(Rayleigh Criterion，RC)"：

(1)当 $\Delta h < \dfrac{\lambda}{8\sin\theta}$ 时，反射面为光滑；

(2)当 $\Delta h > \dfrac{\lambda}{8\sin\theta}$ 时，反射面为粗糙；

其中，λ 为载波波长；θ 为卫星高度角。

对于海面，其散射截面系数 σ_0 可以表示为

$$\sigma_0 = \frac{\pi \, |\Re|^2 \boldsymbol{q}^4}{q_z^4} P\!\left(-\frac{\boldsymbol{q}_\perp}{q_z}\right) \tag{2-35}$$

式中，$\Re$ 为菲涅耳反射系数；$\boldsymbol{q}$ 是散射单位的矢量；$P\left(-\dfrac{\boldsymbol{q}_\perp}{q_z}\right)$ 是反射表面坡度的概率密度函数。

GNSS-R 散射模型除了基尔霍夫光学近似外，还有以下模型：

（1）Kirchhoff Approximation-Physical Optics（KA-PO）模型：该模型与 KA-GO 模型相比，考虑了反射界面不同地方的变化，并加入了相干反射。

（2）Small Perturbation Model（SPM）模型：该模型假设不同的反射面具有不同的傅里叶谱分量组成，散射信号由一组面波构成。SPM 适用于当反射界面高度的标准差 Δh 明显小于载波波长且反射界面的平均坡度等于或小于反射界面高度的标准差和波数的乘积（反射界面的相关长度）时，估算信号的散射功率。

（3）Two Scale Model 模型：该模型是把反射界面分成不同尺度的粗糙程度，如果是较大粗糙度界面使用 KA-GO 模型，较小粗糙度界面则使用 SPM 模型，并将两者以根据各自权重组合起来。该模型的难点在于较大和较小粗糙程度之间的边界划分。

（4）Integral Equation Model（IEM）模型：该模型综合了 KA-GO 模型和 SPM 模型各自的特点，其模型结果是最佳的，但是计算量也很大。

（5）Small Slope Approximation（SSA）模型：和 IEM 模型相似，该模型同时具有 KA-GO 模型和 SPM 模型的特点，不同的是该模型对任意波长的信号，如果反射面坡度斜率小于入射角和散射角情况下都适用。

以上模型中，IEM 模型结果最优，通常用于其他模型的验证，但是由于其计算量过大，不适用于快速反演模型。KA-GO 模型和 IEM 模型估算结果较为相近，且计算简单有效，目前 GNSS-R 海面模型主要使用 KA-GO 模型。表 2-7 列出了不同散射模型的特点以及适用范围（Emery 等，2017）。

表 2-7 不同散射模型特点与适用范围

散射模型	特点与适用范围
KA-GO	高度的标准差 Δh 大于电磁波波长
KA-PO	反射面较为光滑且反射面坡度小
SPM	高度的标准差 Δh 小于电磁波波长；反射面的效果长度小于电磁波波长
IEM	精度高；计算量大；用于其他模型验证
SSA	反射面坡度斜率小于入射角和散射角

由于海面的高度标准差 Δh 在大部分情况下大于电磁波波长，所以大部分海面处于非相干散射状态，表示为

$$\langle\,|\,Y(\tau,\,f)\,|^2\,\rangle = \frac{\lambda^2 T_i^2}{(4\pi)^3} \iint_A \frac{P_t G_t G_r \Lambda^2(\tau) S^2(f)}{R_t^2 R_r^2} \sigma_0^{incoh} \mathrm{d}A \qquad (2\text{-}36)$$

式中，σ_0^{incoh} 为非相干散射项。因此，来自海面的 σ_0 可以表示为

$$\langle\,\sigma_0\,\rangle = \frac{P_r(4\pi)^3}{P_t G_t \lambda^2 T_i^2} \left[\iint_A \frac{G_r \Lambda^2(\tau) S^2(f)}{R_t^2 R_r^2} \mathrm{d}A\right]^{-1} \qquad (2\text{-}37)$$

式中，P_r 为 DDM 的功率；P_t 和 G_t 代表 GPS 有效各向同性辐射功率（effective isotropic radiated power，EIRP）；R_t 为卫星到镜面反射点的距离；R_r 为镜面反射点到接收机的距离；A 代表散射区。

由于海面风速影响着海面 σ_0 的分布，因此 σ_0 一般可以用来与海面风速建立模型关系。

2.4.3　GNSS-R 陆地散射模型

由于陆地散射回来的信号不仅包含非相干信号，还包含着相干信号，因此在 GNSS-R 接收到的陆地散射的 GNSS 信号中，反射功率可以表示为（Zavorotny，2000）

$$\langle\,|\,Y(\tau,\,f)\,|^2\,\rangle = \frac{\lambda^2 T_i^2}{(4\pi)^3} \iint_A \frac{P_t G_t G_r \Lambda^2(\tau) S^2(f)}{R_t^2 R_r^2}(\sigma_0^{coh} + \sigma_0^{incoh}) \mathrm{d}A \qquad (2\text{-}38)$$

式中，σ_0^{coh} 为相干散射项，当散射表面相对光滑或者植被密度较小时，该项分量较大；σ_0^{incoh} 为非相干散射项，随散射表面粗糙度或者植被密度增大而增大。

先前文献已经提出了多种算法来确定相干分量和非相干分量对 DDM 的贡献（Voronovich et al.，2018；Balakhder et al.，2019；Camps，2020；Al-Khaldi et al.，2021）。这些算法是假设反射功率在远离镜面反射点时迅速下降。基于该假设，双基雷达方程的反射功率可以写为

$$\langle\,|\,Y_{coh}(\tau,\,f)\,|^2\,\rangle = \frac{P_t G_t G_r \lambda^2 \Lambda^2(\tau) S^2(f)}{(4\pi)^2(R_t + R_r)^2} \sigma_0^{coh} \qquad (2\text{-}39)$$

式中，σ_0^{coh} 为地表反射率（$\Gamma_{\mathrm{surface}}$）。由式（2-39）可得到地表反射率：

$$\Gamma_{\mathrm{surface}} \approx \frac{P_r(R_t + R_r)^2}{P_t G_t G_r}\left(\frac{4\pi}{\lambda}\right)^2 \qquad (2\text{-}40)$$

式中，P_r 为 DDM 的峰值功率，近似为 DDM 的 SNR。式（2-40）即为传统的 DDM 计算地表反射率公式。

2.5　星载 GNSS-R 卫星

星载 GNSS-R 技术相较于地基和空基 GNSS-R 技术，具有覆盖范围广、全球可用性强、可接收多种机会信号等显著优势。这些特点使得星载 GNSS-R 在全球海洋监测、土壤湿度探测、冰雪覆盖观测以及其他环境监测领域中展现出独特的应用潜力。自 GNSS-R 技术诞

生以来，多个国家和科研机构纷纷投入到相关卫星任务的研发与发射工作中，取得了一系列重要成果。

目前，已经发射的星载 GNSS-R 卫星包括英国的 UK-DMC（United Kingdom Disaster Monitoring Constellation）、技术验证卫星 TDS-1（TechDemoSat-1）、3Cat-2、美国的 CYGNSS、英国 Dot-1 卫星、美国 Spire 卫星，以及我国的"捕风一号"卫星和"风云三号 E"星等。这些卫星在全球范围内收集了大量反射信号数据，为气象、海洋、环境监测等领域提供了宝贵的信息支持。此外，未来还计划发射 HydroGNSS 和 FSSCat 等卫星，进一步推动 GNSS-R 技术的应用和发展。

以下，将对部分具有代表性的星载 GNSS-R 卫星任务进行简要介绍，包括 UK-DMC、TDS-1 以及 CYGNSS 卫星。

2.5.1 UK-DMC 卫星

UK-DMC 是英国 Surrey Satellite Technology Limited（SSTL）为 DMC 计划开发和发射的一颗小型卫星，旨在通过提供高频次、高分辨率的地球观测数据，为全球灾害监测和应急响应提供支持。UK-DMC 卫星于 2003 年 9 月 27 日由俄罗斯的 Kosmos-3M 火箭成功发射，其重量约为 88kg。其轨道为太阳同步轨道，为了确保地球表面在同一时间段的照明条件下进行观测，便于数据对比。UK-DMC 配备了多光谱成像仪，提供 32m 分辨率的图像。UK-DMC 成像仪涵盖了绿、红、近红外等多个波段，适用于各种类型的地表观测。

UK-DMC 卫星的主要任务目标是提供自然灾害（如地震、洪水、火灾和飓风等）发生前后的高分辨率图像，帮助评估灾害的影响和规划救援工作。通过快速响应能力，及时获取受灾地区的最新影像，支持应急管理和决策。同时，监测全球环境变化，包括森林覆盖、土地利用变化和水体污染等，提供长期环境监测数据，支持环境保护和可持续发展。

图 2-12　UK-DMC 卫星示意图

2.5.2　TDS-1 卫星

TDS-1 卫星是由英国和 SSTL 共同研发的一个星载 GNSS-R 技术验证平台，并于 2014 年 7 月 8 日在拜科努尔发射基地成功发射并进入预定轨道，其轨道高度约为 635km。图 2-13 为 TDS-1 卫星及其搭载的 GNSS-R 接收机（SGR-ReSI）单元。整颗卫星重量约为 160kg，功耗约为 52W，有 128G 存储量，与地面站传输的数据的速率最大可达到 400MB/s。

(a)TDS-1 卫星　　　　　　　　　(b)SGR-ReSI 接收单元

图 2-13　TDS-1 卫星与 SGR-ReSI 接收单元

TDS-1 搭载了 8 个有效载荷，能够监测海洋、陆地、大气等多个方面，其中最主要载荷是 SGR-ReSI 接收机。SGR-ReSI 主要用于接收从地球表面反射的 GNSS 反射信号和直射信号，并与本地复制码相关生成时延多普勒图（Delay Doppler Map，DDM）。用户可以通过 DDM 来获取反射面的信息。SGR-ReSI 最多可以安装四个双频天线，在 TDS-1 卫星中只安装了一个 L1/L2 双频向下左旋圆极化（Left-Hand Circularly Polarized，LHCP）天线用于接收反射信号，以及三个朝天顶方向右旋圆极化（Right-Hand Circularly Polarized，RHCP）天线用于接收直射信号，如图 2-14 所示。

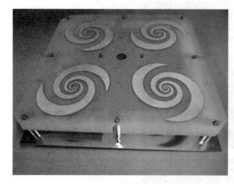

(a)向下 LHCP 天线　　　　　　　　(b)朝天顶方向 RHCP 天线

图 2-14　TDS-1 卫星安装的天线

SGR-ReSI 接收机构造如图 2-15 所示。SGR-ReSI 接收机通过低噪声放大器(Low noise amplifier，LNA)处理并经过射频前端(Radio Frequency Front End，RF)来接收 GNSS 导航信号，并通过可编程门阵列(Field Programmable Gate Array，FPGA)控制和配置的协处理器对接收的信号进行处理。当 SGR-ReSI 接收机在轨道运行时，可以通过协同处理器 FPGA 进行新算法的更新上传。协同处理器 FPGA 通过对反射信号或者掩星信号进行特殊处理，可以使用数千个相关器来绘制失真信号。原始和处理后的数据可以收集并存储到接收机中。此外，SGR-ReSI 接收机配备有可编程的前端接口，因此除了可以接收 L1 信号外，还可以接收任何系统的导航信号。但搭载在 TDS-1 的 SGR-ReSI 接收机只能接收 GPS 信号，在未来改进版的 SGR-ReSI 接收机将会接收 Galileo、GLONASS 和 BDS 信号。

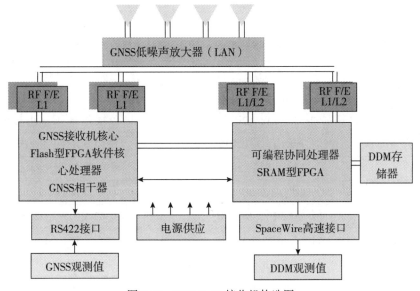

图 2-15　SGR-ReSI 接收机构造图

2.5.3　CYGNSS 卫星

CYGNSS 任务的主要目的是利用 GNSS 反射信号来探测风速，研究大气热力因素和对流动力学在潮湿状态下的关系，从而根据研究结果来跟踪和预测热带气旋的形成和发展。CYGNSS 是美国 NASA 团队在 TDS-1 基础上进行设计改进，并增加到 8 颗卫星的低轨 GNSS-R 星座，显著提高了全球覆盖率。CYGNSS 卫星于 2016 年 12 月 15 日成功发射，其 8 颗星的轨道倾角约为 35°，轨道高度约为 500km，平均重返周期为 7.2h。由于其轨道倾角的原因，CYGNSS 覆盖的地区大约在全球±38°纬度范围内。图 2-16 为 GYGNSS 卫星示意图。

CYGNSS 搭载的其中一个载荷是改进版本的 SGR-ReSI 接收机，它与 TDS-1 搭载的 SGR-ReSI 接收机性能对比如表 2-8 所示。

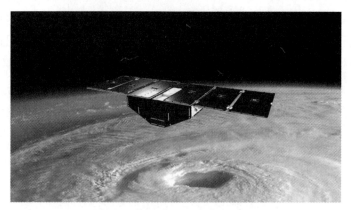

图 2-16　GYGNSS 卫星示意图

表 2-8 　　　　　　　　　　**TDS-1 与 CYGNSS 搭载的 SGR-ReSI 接收机性能对比**

项目	TDS-1	CYGNSS
频率	L1, L2C	L1
GNSS	24 channels GPS L1, L2C, Galileo E1	12 或者 24 channels GPS L1
天线配置	1 个向下天线, 3 个天顶天线	2 个向下天线, 1 个天顶天线
天顶天线	双频, 增益 2 dBi	单频, 增益 4 dBi
向下天线	增益 13 dBi	增益 14.6 dBi
采样率	16.367 MHz, I 或 I&Q	16.0362 MHz, I(32.0724 MHz)
DDM 格式	16 或者 32 bit depth	32 bit depth
数据记录速率	1 Gbyte	1 Gbyte
GPS 性能	5m, 10cm/s	5m, 10cm/s
体积和重量	300×200×50mm, 1kg	300×200×50mm, 1kg
功耗	GNSS 模式 4W, DDM 模式 10W	GNSS 模式 4W, DDM 模式 10W

2.6　本章小结

　　本章首先阐述了 CNSS 信号结构、C/A 码及其相关特性、现有 GNSS 反射信号处理技术、反射信号特性及反射系数。其次, 阐述了双基雷达方程推导过程及其在 GNSS-R 海洋和陆地散射模型中的应用。最后, 介绍了星载 GNSS-R 卫星任务, 包括 UK-DMC、TDS-1和 CYGNSS。本章内容为后续开展星载 GNSS-R 反演地表物理参数的方法和关键技术研究提供了理论基础。

第 3 章　顾及土壤湿度校正的星载 GNSS-R 地上生物量与树冠高反演方法

起初，GNSS-R 技术仅用于海洋参数的遥感。随着 GNSS-R 技术的发展，星载 GNSS-R 不仅可以对海面参数进行反演，而且可以对陆地参数进行反演。本章选取了陆地参数中较有代表性的植被参数作为研究对象。由于陆地中的表面参数比海面参数更为复杂，且受到其他参数影响较大，因此分析并校正这些参数对星载 GNSS-R 观测量的影响在星载 GNSS-R 植被参数反演中至关重要。为此，本章首先分析了星载 GNSS-R 植被参数反演中除植被外的其他参数和误差的影响，并建立对这些参数影响的校正方法。在此基础上，进一步对植被参数进行反演。

3.1　地上生物量与树冠高反演数据及预处理

本章主要对两个植被参数：AGB 和 CH 进行反演。由于 TDS-1 数据量较少，不足以进行两个参数的全球反演，因此本章只利用 CYGNSS 进行 AGB 和 CH 反演。所涉及的数据包括 LUCID 的 AGB 数据、ICESat/GLAS 的 CH 数据和 SMAP 的土壤湿度数据。

3.1.1　CYGNSS 数据

由于 CYGNSS 不仅接收来自海洋散射的信号，还接收到来自陆地反射的信号，所以可以使用 L1 级数据导出的相关观测值来计算陆地表面的反射率。由于 CYGNSS 在 2019 年 7 月以前采用的是 1ms 相干累加和 1000ms 非相干累加时间信号处理模式，其得到的 DDM 在海洋中的空间分辨率约为 $25 \times 25 km^2$。然而，由于陆地表面相比海洋表面较为平缓，DDM 中相干分量占比较大，故其在陆地最大空间分辨率大约为 $7 \times 0.5 km^2$。在 2019 年 7 月以后，CYGNSS 采用的是 1ms 相干累加和 500ms 非相干累加时间，其空间分辨率增加一倍（海洋：$12.5 \times 12.5 km^2$；陆地：$3.5 \times 0.25 km^2$）。

植被参数反演所用到的 CYGNSS 数据为 2019 年 1 月到 2019 年 6 月的 2.1 版本的 L1 级数据。提取的参数包括：DDM 的 SNR、镜面反射点的经纬度、反射信号到达时刻、GPS EIRP、接收机天线增益、发射机与镜面反射点距离、接收机与镜面反射点距离、入射角以及双基地雷达横截面（Bistatic Radar Cross-Section，BRCS）。

3.1.2　验证数据及预处理

1. LUCID 的 AGB 数据及预处理

本章研究的 AGB 图来源于 LUCID 机构（http：//lucid. wur. nl/datasets），该图基于两个 AGB 的数据集（Sassan et al.，2011；Baccini et al.，2012）。第一个数据集是遥感数据库与地面野外实测数据相结合得到的（Sassan，2011）。第二个 AGB 地图数据是基于多传感器卫星数据得到的（Baccini，2012）。通过融合这两幅AGB地图，新的AGB地图可以提供热带地区(40°N～40°S)平均偏差为 5t/hm² 和分辨率为 1km 的几乎无偏 AGB 估计（Avitabile et al.，2016）。

为了便于与 CYGNSS 数据(0.05°×0.05°格网)进行比较，需将 AGB 地图分辨率降为 0.05°×0.05°。降分辨率的方法是对每 0.05°×0.05°格网内的 AGB 值进行平均，其结果如图 3-1 所示。

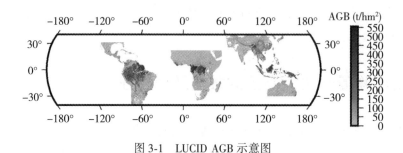

图 3-1　LUCID AGB 示意图

2. ICESat/GLAS 的 CH 数据及预处理

本章研究的 CH 图是根据 2005 年搭载在 ICESat/GLAS（冰、云和陆地高程卫星）上的地球科学激光高度计系统(GLAS)的数据绘制的（Simard et al.，2011）。ICESat/GLAS 的 CH 全球数据分布图可在（https：//landscape. jpl. nasa. gov/）下载，它可以提供分辨率为 1km 的全球尺度 CH 信息。与 AGB 图类似，将获取的 CH 图的分辨率降低到 0.05°×0.05°，如图 3-2 所示。

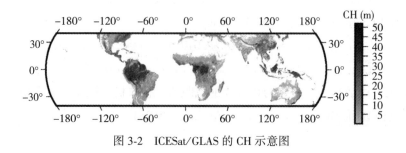

图 3-2　ICESat/GLAS 的 CH 示意图

3. SMAP 数据及预处理

SMAP 卫星于 2015 年 1 月由美国国家航空航天局（NASA）发射。它通过利用主动（雷达）和被动（辐射计）微波技术，可以提供全球±45°纬度范围内的 4 个级别的 24 种可分配的数据产品，包括 L1 级、L2 级、L3 级和 L4 级数据。L1 级数据包含与仪器相关的原始数据；L2 级数据包含基于仪器数据反演的地球物理参数；L3 级数据是基于 L2 级数据的全球地表的每日估计数据产品；L4 级产品包含经验地球物理模型。

图 3-3　SMAP 卫星示意图

本书主要使用了 L3 级 9km 级的土壤湿度数据。它是基于 L2 级数据的日复合得到的，并由 L1C 数据中的亮温计算而来。该数据是利用圆柱投影方式投影到等面积可扩展地球网格（EASE-Grid 2.0）中（O'Neill 等，2020）。为了匹配 CYGNSS 的观测数据，我们将 2019 年 1 月至 6 月的土壤湿度绘制成 0.05°×0.05°网格，其结果如图 3-4 所示。然而，在图 3-4 中可以清楚地看到空白像素，其原因是 SMAP 提供的土壤湿度产品分辨率为 9km，这对于 0.05°×0.05°网格（约 5km）来说是不够的。因此，为了弥补这一点，使用最近值插值法（即在同一 5km 像素内的所有点的土壤湿度视为同一值）对空白像素进行插值，其插值后的结果如图 3-5 所示。

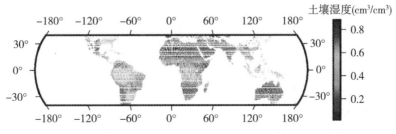

图 3-4　插值前 2019 年 1—6 月 SMAP 平均土壤湿度示意图

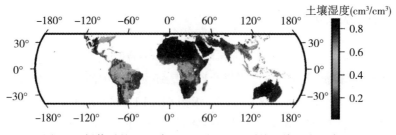

图 3-5　插值后的 2019 年 1—6 月 SMAP 平均土壤湿度示意图

3.1.3　数据预处理方法

图 3-6 给出了植被参数反演的数据预处理流程图。在数据预处理中主要将数据分为了三部分：星载 GNSS-R 数据、SMAP 数据和植被参数验证数据。在星载 GNSS-R 数据部分中，首先对陆地数据进行选取，然后对观测数据进行降噪处理，最后进行观测数据过滤；在 SMAP 数据中，选取了 2019 年 1 月到 2019 年 6 月的 L3 级 9km 级的土壤湿度数据，剔除无效数据后，使用最近值插值法对空白像素进行填充；在植被参数验证数据中，选取了来自 LUCID 机构的 AGB 数据和来自 ICESat/GLAS 的 CH 数据。由于这些数据的像素较大，为了方便与 CYGNSS 数据进行比较和建模，将两种验证数据的像素降低为 0.05°×0.05°；最后根据预处理好的 CYGNSS 数据、SMAP 数据和植被参数验证数据进行空间匹配，并对数据进行归一化处理。

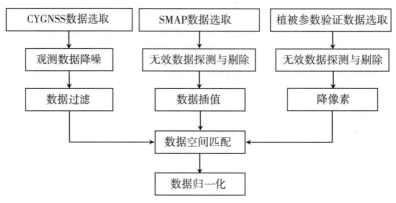

图 3-6　植被参数反演数据预处理流程图

1. 数据选取

选取的数据为 2019 年 1 月到 2019 年 6 月的 2.1 版本的 CYGNSS 的 L1 级数据。提取的参数量为：DDM 的 SNR、镜面反射点的经纬度、反射信号到达时刻、GPS EIRP、接收机天线增益、发射机与镜面反射点距离、接收机与镜面反射点距离、入射角以及 BRCS。选取数据的范围为：40°S~40°N。

2. 数据降噪

DDM 的噪声降噪公式为

$$\mathrm{SNR}_d = 10\lg(\mathrm{e}^{\frac{\mathrm{SNR}}{10}} - 1) \tag{3-1}$$

式中，SNR_d 为降噪后的 SNR；SNR 为提取的 DDM 的 SNR，其中 SNR 计算公式为

$$\mathrm{SNR} = 10\lg(S_{\max}/N_{\mathrm{avg}}) \tag{3-2}$$

式中，$S_{\max}$ 为 DDM 的峰值，如图 3-7 所示；N_{avg} 为 DDM 的平均原始噪声，即图 3-7 中方框中的均值。图 3-7 为 CYGNSS 的两个 DDM 样例，图 3-7(a) 可能来自较为平静的湖面，呈现准镜面反射，信号较为集中；图 3-7(b) 可能来自较为粗糙的海面，呈现漫反射，信号较分散。

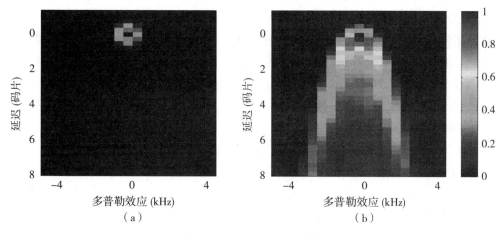

图 3-7 CYGNSS DDM 样例

3. 数据过滤

为了减小多路径效应的影响，在获取数据后，剔除入射角大于 40°的数据；同时，根据镜面发射点经纬度和海岸线经纬度数据，对海洋数据进行过滤。

4. 数据归一化

为了提高 ANN 模型中梯度下降的求解速度和精度，并消除量纲的影响，对数据进行归一化处理。归一化公式为

$$\bar{x} = \frac{x - \mu}{\delta} \tag{3-3}$$

式中，$\bar{x}$ 为归一化的数据；x 为样本数据；μ 样本数据的平均数；δ 是样本数据的标准差。

3.2　顾及土壤湿度校正的植被参数反演

3.2.1　反射率观测量校正

相比海面参数遥感，利用星载 GNSS-R 技术进行陆面参数遥感时所面临的问题要复杂得多。其接收到的反射信号功率主要受地表介电常数影响，而地表介电常又受土壤湿度影响较大。此外，地表的粗糙程度和植被密度也会直接影响反射信号功率（即地表反射率）。因此，可以通过计算 DDM 反射率来反映不同陆面参数的变化。Camps 等利用 DDM 的 SNR 与微波辐射计的亮温及其反演的土壤湿度进行了相关性分析，发现 DDM 的 SNR 可以反映土壤湿度的变化，且其相关性随 NDVI 增大而减小（Camps 等，2016）。Carreno-Luengo 等也发现植被对 GNSS-R 的影响主要来自森林的树枝和树干部分，且植被冠层除会引起信号衰减，茂密的木本植被冠层还会产生非相干的体散射（Carreno-Luengo 等，2019）。通过 GNSS-R 观测量直接获取陆面的小尺度粗糙度信息相对较难，通常 GNSS-R 中是将地表粗糙程度的影响通过模型模拟进行分析。而且，在某一像素内的地表粗糙程度一般时变量会远大于植被时，就可以提取植被的相关参数。此外，尹聪等研究还表明，同时接收左旋和右旋的圆极化信号，采用两者的极化比可以削弱地表粗糙程度的影响（尹聪，2019）。因此，土壤湿度对 GNSS-R 反射率的影响研究将是进一步提高植被参数反演精度的关键。上述的 GNSS-R 反射率的具体计算公式为

$$\Gamma_{\text{surface}} = \Gamma_{LR}(\varepsilon_s, \theta_i) \cdot \gamma \cdot \upsilon \tag{3-4}$$

式中，Γ_{LR} 表示不同极化下的地表面菲涅耳反射率；ε_s 为表面相对复介电常数，与土壤水分有关；θ_i 入射角；γ 为由植被引起的损失系数；υ 为由表面粗糙度引起的衰减系数。

地表面菲涅耳反射率（Γ_{LR}）可以由公式（2-22）计算得到，即

$$\Gamma_{LR}(\varepsilon_s, \theta_i) = \left| \frac{1}{2}(\Re_{VV} - \Re_{HH}) \right|^2 \tag{3-5}$$

式中，$\Gamma_{LR}(\varepsilon_s, \theta_i)$ 可由地表面的相对复介电常数和入射角计算得到。图 3-8 为由 Dobson 模型计算得到的典型土壤表面的 $\Gamma_{LR}(\varepsilon_s, \theta_i)$ 与土壤湿度、入射角变化的关系图。

由图 3-8 可以看出，典型土壤表面菲涅耳反射率（$\Gamma_{LR}(\varepsilon_s, \theta_i)$）随着土壤湿度的增加而增加，随着入射角的增加而减小。另外，当入射角小于 40° 时，典型土壤表面菲涅耳反射率的变化很小，因此选取入射角小于 40° 的数据进一步分析，剔除入射角大于 40° 的数据。

综上所述，通过 DDM 计算得到的地表反射率可以用来反演土壤湿度、粗糙程度以及植被密度。若要反演其中一个参数，需要对另外两个参数进行校正。如式（2-34）所示，传统反射率（Γ_{surface}）是由 DDM 的 SNR 计算得到的，它的大小会受到土壤湿度、粗糙程度以及植被密度因素影响。传统方法是直接建立反射率 Γ_{surface} 与植被相关参数（如 AGB、CH）的关系（Santi，2020），虽然也得到了很好的结果，但是其观测量本身并未顾及土壤湿度、粗糙程度等参数影响，会降低反演效果。针对此问题，本节构建了一个对植被相关参数更敏感的新的校正反射率，其表达公式为

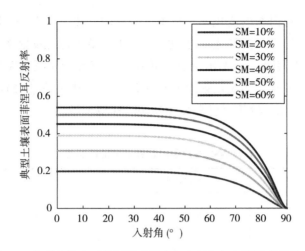

图 3-8 典型土壤表面菲涅耳反射率、入射角与土壤湿度的关系图

$$\gamma = \sigma_0^{coh} / \Gamma_{LR}(\varepsilon_s, \theta_i) \qquad (3-6)$$

式中，γ 为植被衰减指数，它与 AGB、CH 相关；σ_0^{coh} 是来自 CYGNSS L1 级产品中的 BRCS 峰值点，其等效于 $\Gamma_{surface}$；$\Gamma_{LR}(\varepsilon_s, \theta_i)$ 为地表面的菲涅耳反射率，由 SMAP 的土壤湿度计算得到。

为了方便匹配，将计算得到的传统反射率（$\Gamma_{surface}$）和校正反射率（$\sigma_0^{coh}/\Gamma_{LR}(\varepsilon_s, \theta_i)$）进行全球 0.05°×0.05° 格网划分。在划分过程中，如果网格内有重复的点，取其平均值。传统反射率和校正反射率在格网化后的全球分布效果如图 3-9 和图 3-10 所示。为了便于比较，两个观测值都进行了归一化处理。此外，由于校正反射率与 AGB 和 CH 为反比关系，后续将校正反射率转换为 $\Gamma_{LR}(\varepsilon_s, \theta_i)/\sigma_0^{coh}$。值得注意的是，在图 3-9 和图 3-10 中，AGB 和

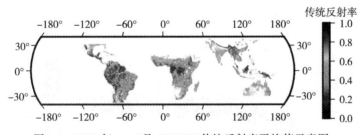

图 3-9 2019 年 1—6 月 CYGNSS 传统反射率平均值示意图

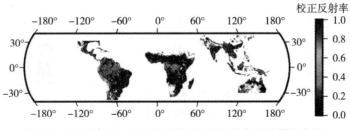

图 3-10 2019 年 1—6 月 CYGNSS 校正反射率平均值示意图

CH 较低的区域，校正反射率的变化小于传统反射率的变化，特别是在阿根廷，这可能是由于传统反射率包括了其他物理参数的变化。表 3-1 总结了传统反射率和校正反射率对目标参数的灵敏度。结果表明，与 AGB 相比，传统反射率和校正反射率的相关系数分别为 −0.48 和 0.58；与 CH 相比，传统反射率和校正反射率的相关系数分别为 −0.54 和 0.60。因此，与传统反射率相比，校正反射率对 AGB 和 CH 更加敏感。

表 3-1　　　　　　　　　　　**CYGNSS 观测量对目标参数的敏感度**

目标参数	CYGNSS 观测量	相关系数
AGB	$\Gamma_{surface}$	−0.48
	$\Gamma_{LR}(\varepsilon_s, \theta_i)/\sigma_0^{coh}$	0.58
CH	$\Gamma_{surface}$	−0.54
	$\Gamma_{LR}(\varepsilon_s, \theta_i)/\sigma_0^{coh}$	0.60

为了进一步分析提取观测量对局部地区 AGB 的敏感度，在本小节中，利用滑动窗口平均法对具有代表性的地区：亚马孙雨林和刚果雨林，进行 AGB 敏感性分析。由于利用了滑动窗口平均法会带来数据量的骤减，因此本节利用滑动窗口平均法后的全部数据建立模型，并根据该模型对全部数据进行反演。其中滑动窗口大小为

$$d = (\max(\sigma_0^{coh}/\Gamma_{LR}(\varepsilon_s, \theta_i)) - \min(\sigma_0^{coh}/\Gamma_{LR}(\varepsilon_s, \theta_i)))/2000 \qquad (3\text{-}7)$$

式中，d 为滑动窗口大小；$\sigma_0^{coh}/\Gamma_{LR}(\varepsilon_s, \theta_i)$ 为 CYGNSS 校正反射率。

根据滑动窗口内匹配的 LUCID 的 AGB 值进行平均。最后，利用滑动窗口平均法后的全部数据绘制散点图，并拟合模型函数，如图 3-11 和图 3-12 所示。由于 Carreno-Luengo 等也提出了相应观测量对亚马孙雨林和刚果雨林进行 AGB 反演，为了方便对比，表 3-2 列出了不同观测量的 AGB 反演性能对比。

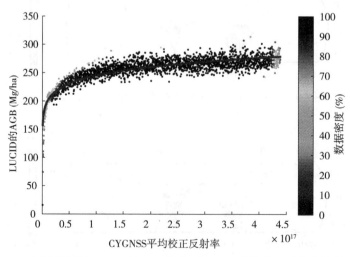

图 3-11　亚马孙雨林 LUCID 的 AGB 值与 CYGNSS 平均校正反射率的关系图

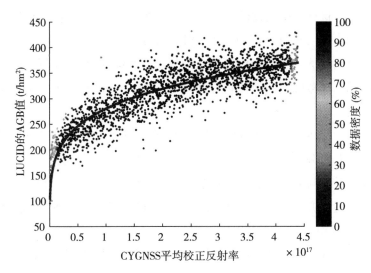

图 3-12 刚果雨林 LUCID 的 AGB 值与 CYGNSS 平均校正反射率的关系图

表 3-2 本章提出的观测量与 Carreno-Luengo 等提出的观测量反演 AGB 性能对比

方法/区域	RMSEs（t/hm²）		相关系数	
方法	Carreno-Luengo 等人的观测量	本书提出的观测量	Carreno-Luengo 等人的观测量	本书提出的观测量
亚马孙雨林	33.7	11.4	0.75	0.76
刚果雨林	40.6	27.8	0.73	0.75

从图 3-11 和图 3-12 可以看出，在经过滑动窗口平均处理后，亚马孙雨林和刚果雨林的 LUCID 的 AGB 值与 CYGNSS 校正反射率具有明显的非线性关系，其关系为幂函数关系，并且随着 AGB 的提高，校正反射率增大。如表 3-2 所示，本书提出的观测量在亚马孙雨林和刚果雨林的 RMSE 分别为 11.4t/hm² 和 27.8t/hm²，相比 Carreno-Luengo 等的观测量得到的 RMSE（33.7t/hm² 和 40.6t/hm²），分别降低了 66.17% 和 31.52%；相关系数在亚马孙雨林和刚果雨林的值分别为 0.76 和 0.75，与 Carreno-Luengo 等的方法相当。因此，本书构建的 CYGNSS 观测量在局部地区相比 Carreno-Luengo 等提出的观测量（DDM 后缘长度）具有更优的 AGB 反演结果。

3.2.2 地上生物量与树冠高反演模型建立

1. 反向传播（Back Propagation，BP）神经网络模型

人工神经网络是深度学习（Deep Learning，DL）中的一个核心概念，其设计灵感源于人脑的神经网络结构。这种网络通过模仿大脑神经元之间信息的传递和处理的方式，使用多次神经层从原始数据中逐步提取到目标级别的特征（Bengio 等，2013；Lecun 等，2015；Goodfellow 等，2016）。人工神经网络可以充分利用神经细胞的自学习和自适应能力来处理复杂的非线性问题，在考虑不同地球物理和地理参数影响的情况下，也可以用于 GNSS-R 地表物理参数反演。

　　神经网络是一种非线性的自适应信息处理系统，由许多相互连接的神经节点组成，可以通过提供最小方差来解决问题（Kwok 等，1997）。BP 神经网络为人工神经网络的一种，在非线性回归和分类的问题上具有独特优势。BP 神经网络的核心思路是将训练值与真值之间的误差通过反馈的方式添加到权值的迭代中，再经过一定次数的循环来提升算法性能。其原理如图 3-13 所示。

　　为了提高模型训练效果，并将不同数据的特征映射到同一维度上，防止某些数据的特征占主导地位，在训练之前，所有数据需进行归一化处理。数据归一化后，可以加快梯度下降求解最优解的速度，减少迭代次数。归一化后的训练数据集输入到网络的输入层，每一层包含多个神经元，这些神经元与前一层的神经元相互连接。通过这些相互连接的神经元，每一层的权重数组可以通过正向和反向机制进行训练。假设训练数据集样本数为 m，表示为 $T = \{(x_1^1, \cdots, x_n^1, y^1), \cdots, (x_1^m, \cdots, x_n^m, y^m)\}$，其中 $x_1^i, \cdots, x_n^i$，$i = 1, 2, \cdots, m$ 代表不同的输入特征，y^i 表示为获取的目标参数。若第 i 层有带 N_i 的神经元数，则第 i 层对应的权重偏置阵列 $(Wx + b)$ 为：$(N_{i+1} * N_i)$。通过非线性函数与第 i 层的 N_i 神经元的线性组合的乘积，可以实现第 $i+1$ 层 N_{i+1} 神经元的激活。其激活方程为

$$y_i = \sigma(w^T x_i + b) \tag{3-8}$$

式中，w 为可学习的向量；b 为偏置；x_i 为输入量；y_i 是输出量；σ 为激活函数。

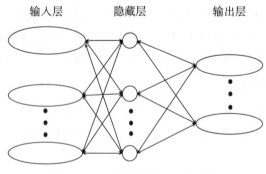

输入层　　　　　隐藏层　　　　　输出层

图 3-13　BP 神经网络结构示意图

　　激活函数的特点是用于最初的神经元的兴奋和抑制两种不同状态。假如函数的输出值约为 0，代表该神经元被抑制；假如函数输出值约为 1，则代表函数处于激活状态。经典的激活函数有三种：sigmoid，tanh 和 ReLU，其表示为

$$\sigma(a) = \begin{cases} \dfrac{1}{1 + e^{-a}}, \ \text{sigmoid} \\ \dfrac{e^{a} - e^{-a}}{e^{a} + e^{-a}}, \ \text{tanh} \\ \max(a, \ 0), \ \text{RELU} \end{cases} \tag{3-9}$$

以上为 BP 神经网络的基本原理。在实际应用中，构建神经网络模型是一个复杂的过程，涉及多个关键决策。这些决策包括激活函数的选择、网络层数的选择、隐藏层神经元数量的选择等。下面将从这几个方面对神经网络模型的构建过程进行介绍。

1)激活函数选择

以上三种激活函数各有优缺点：sigmoid 函数的优点是求导比较容易，缺点是在函数在接近饱和时，其导数趋于 0 导致信息的丢失，当训练终止时，容易出现梯度消失的问题。tanh 函数的优点是学习速度比 sigmoid 函数快，梯度消失的问题相比 sigmoid 函数也可得到缓解。ReLU 函数的优点是由于其函数和导数不包含复杂的公式运算，计算速度较快；而在输入负值的时，其梯度为 0 而导致其权重无法得到更新，在剩余的训练过程会保持静默甚至使神经元无效，从而降低运算速度。综合以上三种激活函数的优缺点，并根据实际反演时效分析，本章所使用的激活函数为 tanh 函数。

2)层数选择

一般情况下，可以根据不同需求选择不同的隐藏层数。表 3-3 为模型中含有不同隐藏层的特点。

表 3-3 不同隐藏层的特点

层数	特　点
0	只能表示线性可分的函数或决策
1	可以表示一个有限空间到另外一个有限空间的映射的函数
2	可以搭配合适的激活函数表示任何精度的任意决策边界，且可以拟合任意角度的任意平滑映射
>2	可以学习更复杂的数学描述

理论上，层数越多，模型拟合函数的能力越强。但是，过多的层数也会导数过拟合问题的出现，同时也会使得模型难以收敛且速度变慢。因此，为了权衡模型的精度、训练效果和时间，本章所选的隐藏层数为 2。

3)隐藏层神经元数量选择

一般情况下，单隐藏层使用的线性激活函数神经元个数越多，模型越能接近任何非线性函数(Vahedi，2016)。但是，过多的神经元会致使训练集的信息量不足以充分训练隐藏层里的神经元，从而导致过拟合问题的出现。为了权衡模型的精度、训练效果和时间，本章所选的每个隐藏层的神经元数量为 6。

综上所述，GNSS-R 观测值与地表地球物理参数之间的关系不是简单的线性关系，而是一种复杂的非线性关系。由于人工神经网络可以学习 GNSS-R 观测值与地表地球物理参数之间的复杂关系，因此本节采用 BP 人工神经网络。此前已有一些研究成功地将人工神经网络应用于 GNSS-R 领域(Liu et al.，2019；Eroglu et al.，2019；Santi，2020；Asgarimehr et al.，2020)。后文统一将 BP 人工神经网络称为 ANN 模型。在本节中，将人工神经网络用于 AGB 和 CH 的反演。传统的人工神经网络模型是基于反向传播神经网络，本章提出了一种改进的 ANN 模型对 AGB 和 CH 进行反演，并与传统 ANN 模型进行对比。

尽管改进的 ANN 模型相对于传统 ANN 模型在精度上有显著提升，但在少数像素点上，改进 ANN 模型的精度不如传统 ANN 模型。考虑到粒子群优化算法可以求解最优化问题，因此，本章将利用粒子群优化算法对传统 ANN 模型和改进 ANN 模型的结果进行融合。

2. 传统 ANN 模型与改进后的 ANN 模型

下面将详细介绍传统 ANN 模型、改进后的 ANN 模型以及基于粒子群优化算法优化 AGB 和 CH 反演结果的方法。

1）基于传统反射率的 ANN 模型

该模型采用反射率 Γ_{surface} 和位置作为输入特征，激活函数为 tanh，隐藏层层数为 2，各隐藏层神经元数为 6，其结构和输入特征如图 3-14 所示。

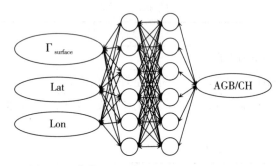

图 3-14　传统 ANN 模型的结构和输入特征图

在图 3-14 中：Γ_{surface} 为传统反射率；Lat 为纬度；Lon 为经度。

2）基于校正反射率的 ANN 模型

此改进方法是利用本书构建的校正反射率、地理位置信息作为输入特征。对比图 3-1 与图 3-2 和图 3-5，AGB 和 CH 均与土壤湿度存在显著的相关性，因此，土壤湿度也作为改进方法的一个输入特征。为了与传统方法进行比较，改进的 ANN 模型激活函数为 tanh，隐藏层层数也为 2，各隐藏层的神经元数量也为 6。改进后的 ANN 模型结构和输入特征如图

3-15 所示。在图 3-15 中，$\Gamma_{LR}(\varepsilon_s,\ \theta_i)/\sigma_0^{coh}$ 为校正反射率；Lat 为纬度；Lon 为经度；SM 表示 SMAP 提取的土壤湿度。

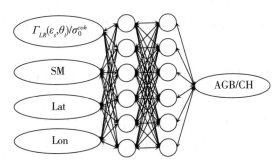

图 3-15　基于校正反射率的 ANN 模型的结构和输入特征图

3）粒子群优化模型

粒子群优化算法（Particle Swarm Optimization，PSO）是 Eberhart 和 Kennedy 于 1995 年提出并用于求解最优化问题的算法。该算法的灵感来源于鸟群觅食行为的研究（Kennedy et al., 1995；Eberhart et al., 1995）。其算法基本原理如下：

假设在某个 D 维的搜索空间中存在一个由 n 个粒子组成的群落，要在该群落中找出满足问题的最优位置解，则每个粒子的位置都为潜在的解。假设该群落中第 i 个粒子的位置可以表示为：$X_i=(x_{i1},\ x_{i2},\ \cdots,\ x_{iD})$，其中 $i=1,\ 2,\ \cdots,\ n$。将 X_i 代入目标函数中求解出其适应度值 $fitness_i=f(X_i)$，根据适应度值的大小来判断最优解。由于粒子也在运动，故第 i 个粒子的运动速度为：$V_i=(v_{i1},\ v_{i2},\ \cdots,\ v_{iD})$，其中 $i=1,\ 2,\ \cdots,\ n$。在每次迭代中，粒子通过跟踪两个极值来更新自己的位置。

①第 i 个粒子在最新迭代中搜索到的最优适应度的最佳位置：$P_i=(p_{i1},\ p_{i2},\ \cdots,\ p_{iD})$，$i=1,\ 2,\ \cdots,\ n$，也称 p_{best}；

②整个粒子群在最新迭代中搜索到的最优适应度的最佳位置：$P_g=(p_{g1},\ p_{g2},\ \cdots,\ p_{gD})$，也称 g_{best}。

PSO 计算的公式为

$$X_i(m+1)=X_i(m)+V_i(m+1)\Delta t \tag{3-10}$$

$$V_i(m+1)=wV_i(m)+c_1r_1\frac{P_i-X_i(m)}{\Delta t}+c_2r_2\frac{P_g-X_i(m)}{\Delta t} \tag{3-11}$$

式中，X_i 为第 i 个粒子的位置信息；V_i 为第 i 个粒子的速度信息；$i=1,\ 2,\ \cdots,\ n$；c_1 和 c_2 为学习因子，是非负常数，一般情况下 $c_1=c_2=2$；r_1 和 r_2 为 0 到 1 之间的随机常数，用于增加搜索的随机性；w 也是 0 到 1 之间的常数，用于控制搜索的空间范围；Δt 是时间间隔。

此外，在每一维中，粒子的速度都有一个最大阈值 V_{max} 限制。在上述迭代中，终止条件一般为当搜索到全局最优位置的适应度值小于预设的适应阈值。其流程图如图 3-16 所示。在图3-16中：

（1）初始化粒子群，找到随机设置的粒子的初始位置和速度；

（2）估算每个粒子的适应度值 *fitness*；

（3）比较每个粒子的适应度值和其经历过的最优位置的适应度值，若更好，则 $P_i = X_i$；

（4）比较每个粒子经历过最好的位置的适应度值和群体最优的位置的适应度值，若更优，则 $P_g = P_i$；

（5）根据式（3-10）和式（3-11）更新粒子的速度和位置；

粒子群优化算法的最终目的是最小化目标函数。在本节，针对 ANN 模型的 AGB 和 CH 反演问题，设计的目标函数为

$$f(\boldsymbol{m}) = \langle (\boldsymbol{m} \cdot \hat{x} - x_{\text{true}})^2 \rangle \tag{3-12}$$

式中，$\boldsymbol{m}$ 为待优化参数，且 $(m_1, m_2) \in (0, 1)$，其中 m_1 为传统方法 ANN 模型的优化参数，m_2 为改进方法 ANN 模型的优化参数。该目标函数表示组合反演值与各真实 AGB 和 CH 值之间的均方误差（Mean Square Error，MSE），可视为偏差与标准差的平方和。PSO 算法能在搜索空间内寻找最小化 $f(\boldsymbol{m})$ 的最优解，即该解决方案是基于传统 ANN 模型与改进 ANN 模型的单个 AGB 和 CH 反演值的线性组合的 RMSE。因此，PSO 算法所找到的组合系数就是空间中的最优解。在训练组合系数的过程中，其系数矩阵可能会有波动，但最终会收敛到一组全局最优的系数。利用这组系数，将两个 ANN 模型的结果测试数据集组合起来，得到最终的反演结果。

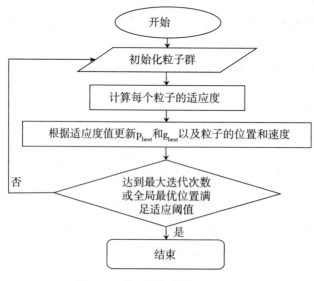

图 3-16 粒子群优化算法流程图

3.3 地上生物量与树冠高反演结果与分析

3.3.1 数据处理策略

1. 地上生物量与树冠高反演策略

本章节主要是利用土壤湿度信息对星载 GNSS-R 植被参数(AGB 和 CH)的反演结果进行优化。在该过程中,首先利用 5% 的随机 CYGNSS 训练数据集以及对应的 AGB 和 CH 训练数据集导出传统反射率及校正反射率,并据此建立传统方法和改进方法的模型。接着,利用剩余的 95% 测试集,根据所建立的 ANN 模型得到 AGB 和 CH 反演结果。最后,利用粒子群优化算法对传统方法和改进方法反演的 AGB 和 CH 反演结果进行优化。综上所述,地上生物量与树冠高反演的流程图如图 3-17 所示。

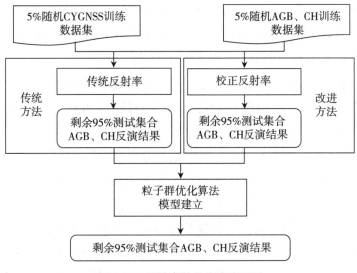

图 3-17 植被参数的反演流程图

2. 反演性能评估指标

为了对反演方法的结果进行验证,AGB 反演结果的验证数据来自 LUCID 的 AGB 数据,CH 验证数据来自 ICESat/GLAS 的 CH 数据。其评估指标除了 RMSE 和相关系数(R)外,还有绝对偏差(Absolute Bias)和相对偏差(Relative Absolute Deviation),其计算公式为

$$\text{RMSE} = \sqrt{\frac{1}{n}\sum_{i=1}^{n}\left(x_{\text{true}} - x_{\text{retrieval}}\right)^2} \tag{3-13}$$

$$R(x_{\text{retrieval}},\ x_{\text{true}}) = \frac{\mathrm{Cov}(x_{\text{retrieval}},\ x_{\text{true}})}{\sqrt{\mathrm{Var}[x_{\text{retrieval}}] \cdot \mathrm{Var}[x_{\text{true}}]}} \tag{3-14}$$

$$\mathrm{Bias}_{\text{abs}} = \left| x_{\text{ture}} - x_{\text{retrieval}} \right| \tag{3-15}$$

$$\mathrm{Bias}_{\text{re}} = \left| x_{\text{ture}} - x_{\text{retrieval}} \right| / x_{\text{true}} \tag{3-16}$$

式中，x_{ture} 为 AGB、CH 的验证数据；$x_{\text{retrieval}}$ 为 AGB、CH 反演数据；$\mathrm{Var}[x_{\text{retrieval}}]$ 为 $x_{\text{retrieval}}$ 的方差；$\mathrm{Var}[x_{\text{true}}]$ 为 x_{true} 的方差；$\mathrm{Bias}_{\text{abs}}$ 为绝对偏差；$\mathrm{Bias}_{\text{re}}$ 为相对偏差。

3.3.2　地上生物量反演结果与分析

1. 改进方法与传统方法的 AGB 反演结果

表 3-4 总结了基于传统方法和改进方法的 AGB 反演结果，包括 RMSE 和相关系数。两种方法的 AGB 反演散点图如图 3-18 和图 3-19 所示。由表 3-4 可知，传统方法和改进方法的平均偏差分别为 51.25t/hm² 和 43.23t/hm²；平均相对偏差分别为 32.18 和 22.20；RMSE 分别为 73.38t/hm² 和 64.84t/hm²；相关系数分别为 0.76 和 0.80。与传统方法相比，改进方法的 RMSE 降低了 11.63%，相关系数提高了 5.26%。从图 3-18 和图 3-19 所示的 AGB 反演散点图可以看出，传统方法的 AGB 反演在 AGB 值约为 400t/hm² 时出现饱和现象，而改进方法的 AGB 反演的饱和点则为 450t/hm²。

为了更直观地分析反演效果和其局部差异，图 3-20 和图 3-21 给出了 CYGNSS 的泛热带 AGB 图，图 3-22 和图 3-23 给出了两种方法的绝对偏差。此外，图 3-24 还给出了两种方法的绝对偏差差值。需要说明的是，由于训练集和测试集分别被设置为总样本的 5% 和 95%，反演图的分辨率低于图 3-1 和图 3-2。虽然分辨率降低了，但图 3-21 中的分布与图 3-1 大致相同。如图 3-23 和图 3-24 所示，尽管改进方法的绝对偏差总体上比传统方法小，但仍有一些较大的偏差。这一方面归因于大于 450t/hm² 的训练集较小；另一方面可能与参考数据集的时间配准误差有关，本书参考的 AGB 和 CH 数据集（2016）和使用 CYGNSS 数据集（2019）存在三年左右的时间差。这些 AGB 反演误差较高的地区主要位于亚马孙盆地东北部、刚果盆地中西部、印度尼西亚北部、马来西亚西部、婆罗洲、巴布亚新几内亚和缅甸北部。从图 3-5 所示的 2019 年 1—6 月 SMAP 平均土壤湿度来看，绝对偏差较大的区域主要位于土壤湿度较大的区域。除高 AGB 区域外，图 3-22 顶部子图中绝对偏差较大，在低 AGB 的区域也存在有绝对偏差较大情况，如秘鲁东部和智利北部。需要注意的是，与图 3-1 和图 3-2 相比，虽然秘鲁西部和智利北部的 AGB 和 CH 变化较大，但从图 3-9 和图 3-10 可以发现，CYGNSS 校正的反射率和传统的反射率变化不大，其原因可能是受安第斯山脉的影响。图 3-25 展示了位于安第斯山脉的三幅陆地卫星地图，位于图 3-22 的深色方框中。图 3-25 显示了从植被到裸露土壤的生物物理属性的变异性。因此，生物物理属性的突变可能会导致 CYGNSS 观测值的稳定性变差。

为了进一步分析模型整体性能，以相对偏差作为指标，其结果如图 3-26 和图 3-27 所示。值得注意的是，与传统方法相比，改进方法在 0~100t/hm² 范围内，即 AGB 较低的区域表现出更好的性能。从图 3-28 所示的全球土地覆盖图（Esa，2017）和图3-5的土壤湿度来看，传统方法从常绿阔叶树覆盖地区到其他低植被区，以及从土壤湿度高地区到土壤湿度低地区的反演效果表现不佳，而改进的方法显著改善了这些区域的反演效果。为了更直观判断土地覆盖的属性，本节选取了 6 个较有代表性的子集，它们分别为：刚果森林（纬度 = [-4°，4°]，经度 = [9°，28°]）、亚马孙森林（纬度 = [-10°，5°]，经度 = [-75°，-54°]）、加里曼丹（纬度 = [-4.5°，7.3°]，经度 = [108°，120°]）、坦桑尼亚（纬度 = [-12°，-0.9°]，经度 = [29°，40°]）、以及澳大利亚（纬度 = [-39°，-11°]，经度 = [112°，155°]）。它们的位置如图 3-28 中方框所示。从图 3-26、图 3-27 和图 3-28 可以得到，在不同的土地覆盖属性中，改进方法的相对偏差都小于传统方法，整体表现更优。但是，从图 3-22 和图 3-23 中不难发现，在埃塞俄比亚东部改进方法的反演误差反而大于传统方法。换言之，改进方法的 AGB 反演性能虽在总体上优于传统方法，但是在少部分像素点上改进方法的反演精度不及传统方法，其原因可能是在少部分地区反射率受到土壤湿度影响较小，对其改正会造就误差增大。因此，本章后续将利用粒子群优化算法将两者的结果进行最优融合。

表 3-4 传统方法和改进方法的 AGB 反演效果比较

方法	观测量+模型	平均偏差(t/hm²)	平均相对偏差	RMSEs(t/hm²)	相关系数
传统方法	传统反射率+ANN 模型	51.25	32.18	73.38	0.76
改进方法	校正反射率+ANN 模型	43.23	22.20	64.84	0.80

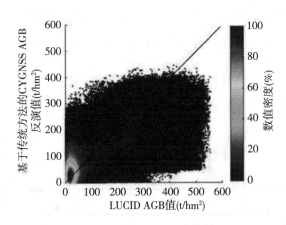

图 3-18 基于传统方法的 CYGNSS AGB 反演值与 LUCID AGB 值散点图

图 3-19　基于改进方法的 CYGNSS AGB 反演值与 LUCID AGB 值散点图

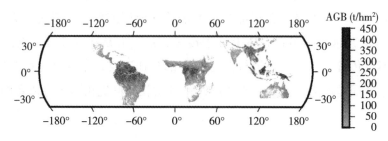

图 3-20　基于传统方法的 AGB 反演值分布示意图

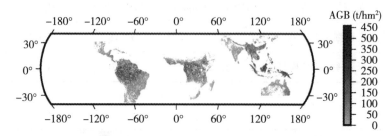

图 3-21　基于改进方法的 AGB 反演值分布示意图

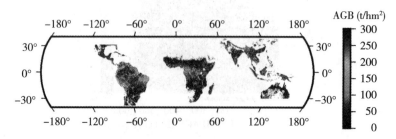

图 3-22　基于传统方法的 AGB 反演值的绝对偏差分布示意图

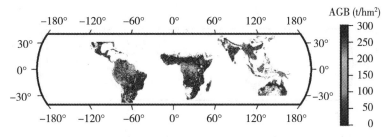

图 3-23　基于改进方法的 AGB 反演值的绝对偏差分布示意图

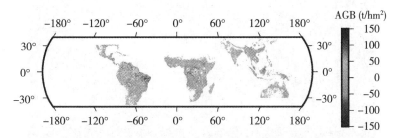

图 3-24　传统方法与改进方法的 AGB 反演值的绝对偏差差值分布示意图

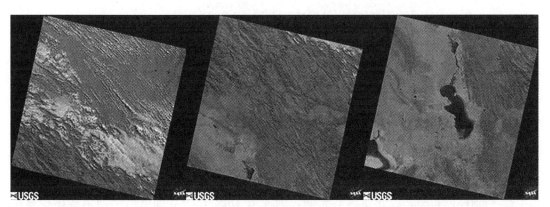

（a）位于图 3-22 中的 a 点　　　（b）位于图 3-22 中的 b 点　　　（c）位于图 3-22 中的 c 点

图 3-25　2019 年 5 月 31 日至 2019 年 6 月 5 日期间，位于安第斯山脉的地表属性变化 Landsat 图

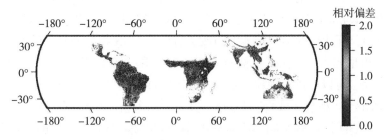

图 3-26　基于传统方法的 AGB 反演值的相对偏差分布示意图

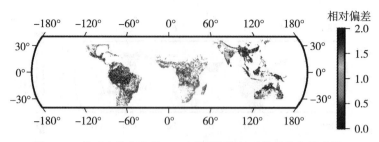

图 3-27　基于改进方法的 AGB 反演值的相对偏差分布示意图

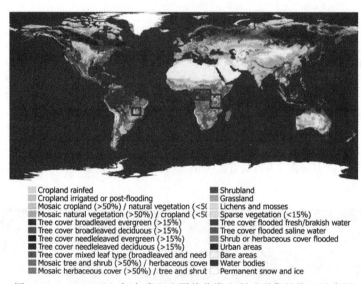

图 3-28　1992—2015 年全球土地覆盖分类和所选子集的位置示意图

2. 粒子群优化算法 AGB 反演结果

基于粒子群优化算法得到的 AGB 反演结果散点密度图如图 3-29 所示。图 3-30 给出了基于粒子群优化算法的 AGB 全球分布图；图 3-31 和图 3-32 分别给出了粒子群优化算法 AGB 反演的绝对偏差以及传统方法与粒子群优化算法结果的绝对偏差差值图；图 3-33 为粒子群优化算法 AGB 反演的相对偏差图。

由图 3-29 可以看出，基于粒子群优化算法的反演结果散点分布更接近 1∶1 线，其平均偏差为 42.97t/hm², RMSE 和相关系数分别为 63.77t/hm² 和 0.81。从图 3-30、图 3-31 和图 3-32 可看出，优化后的结果总体上与改进方法的 ANN 模型相当，反演的 AGB 图与改进方法的 ANN 模型相当，且在低植被地区有一定提升，特别是在巴西附近区域；且对比图 3-32 和图 3-24，可以明显发现粒子群优化算法结果在上述改进方法反演结果精度低于传统方法的局部区域(深色区域)范围减小，其反演结果精度得到一定的提升。此外，需要声明的是，从反演的全球 AGB 图、绝对偏差图和相对偏差图可以看出，粒子群优化算法结果的分辨率略低于传统方法和改进方法的 ANN 模型，其原因是在算法过程中因重新匹配数据而造成部分点的丢失。

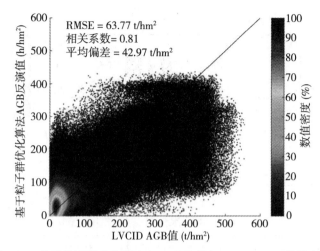

图 3-29 基于粒子群优化算法 AGB 反演值与 LUCID AGB 值散点图

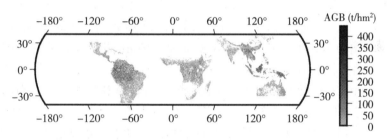

图 3-30 基于粒子群优化算法 AGB 反演值分布示意图

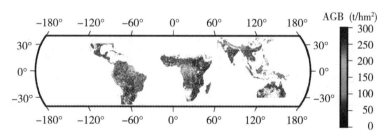

图 3-31 基于粒子群优化算法 AGB 反演值的绝对偏差分布示意图

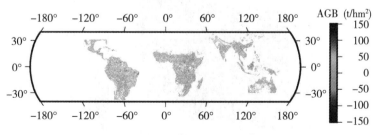

图 3-32 传统方法与粒子群优化算法的 AGB 反演值的绝对偏差差值分布示意图

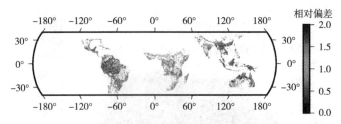

图 3-33　基于粒子群优化算法 AGB 反演值的相对偏差分布示意图

3.3.3　树冠高反演结果与分析

1. 改进方法与传统方法的 CH 反演结果

为了进一步验证所提出方法对植被参数的敏感性，本节给出了基于传统方法的 ANN 模型和改进方法的 ANN 模型反演得到的 CH 结果。基于传统方法和改进方法的 CH 反演均方根误差和相关系数如表 3-5 所示。基于这两种方法的 CH 反演散点图如图 3-34 和图 3-35 所示。由表 3-5 可知，传统方法和改进方法的平均偏差分别为 5.12m 和 4.30m；平均相对偏差分别为 1.80 和 0.62；RMSE 分别为 6.83m 和 5.97m；相关系数分别为 0.79 和 0.83。

为了更直观地分析反演效果和局部差异，图 3-36 与图 3-37 给出了 CYGNSS 的泛热带 CH 图，图 3-38 和图 3-39 分别给出了两种模型的绝对偏差和相对偏差分布图。图 3-40 给出了两种方法的绝对偏差差值。图 3-41 和图 3-42 分别给出了 CH 反演值的绝对偏差差值分布图。如图 3-34~图 3-42 所示，与 AGB 反演相似，基于校正反射率的改进方法性能优于传统方法，特别是在 CH 范围为 0~10m 的区域。此外，与 AGB 反演相比，CH 反演点更接近于 1∶1 线，具有更好的线性关系。

表 3-5　　　　　　　　　传统方法和改进方法的 CH 反演效果比较

方法	观测量+模型	平均偏差（t/hm²）	平均相对偏差	RMSEs（t/hm²）	相关系数
传统方法	传统反射率+ANN 模型	5.12	1.80	6.83	0.79
改进方法	校正反射率+ANN 模型	4.30	0.62	5.97	0.83

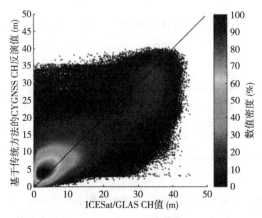

图 3-34　基于传统方法的 CYGNSS CH 反演值与 ICESat/GLAS CH 值散点图

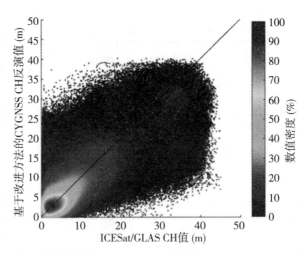

图 3-35 基于改进方法的 CYGNSS CH 反演值与 ICESat/GLAS CH 值散点图

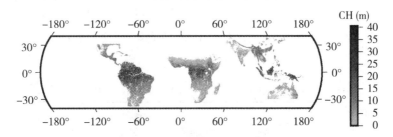

图 3-36 基于传统方法的 CYGNSS CH 反演值分布示意图

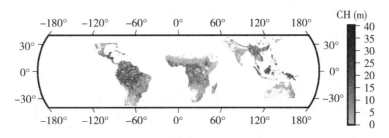

图 3-37 基于改进方法的 CYGNSS CH 反演值分布示意图

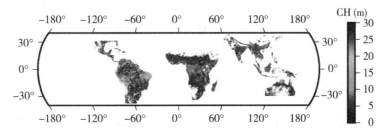

图 3-38 基于传统方法的 CH 反演值的绝对偏差分布示意图

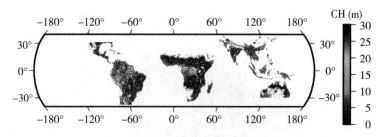

图 3-39　基于改进方法的 CH 反演值的绝对偏差分布示意图

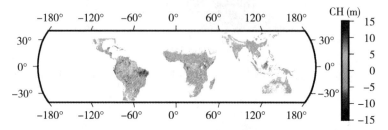

图 3-40　传统方法与改进方法的 CH 反演值的绝对偏差差值分布示意图

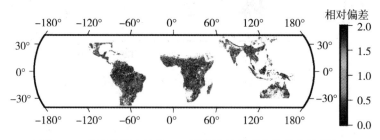

图 3-41　基于传统方法的 CH 反演值的相对偏差分布示意图

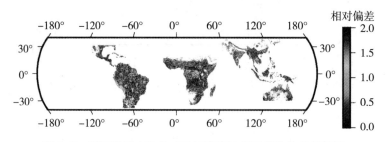

图 3-42　基于改进方法的 CH 反演值的相对偏差分布示意图

2. 粒子群优化算法 CH 反演结果

图 3-43 给出了基于粒子群优化算法的 CH 反演结果散点密度图。图 3-44 给出了基于粒子群优化算法的 CH 反演值分布图，图 3-45 给出了粒子群优化算法 CH 反演值的绝对偏差图。图 3-46 给出了传统方法与粒子群优化算法的 CH 反演值的绝对偏差差值分布图。图

3-47 为粒子群优化算法的 CH 反演值的相对偏差图。

　　由图 3-43 可知，基于粒子群优化算法的反演结果散点分布相比传统方法的 ANN 模型和改进方法的 ANN 模型更接近 1∶1 线，其平均偏差为 4.21m，RMSE 和相关系数分别为5.76m 和 0.84。从反演的全球 CH 分布图、绝对偏差图和相对偏差图来看，其结果与改进方法的 ANN 模型类似，且在低植被地区略有提升。对比图 3-46 和图 3-40，可以明显发现粒子群优化算法在上述改进方法反演结果精度低于传统方法的局部区域(深色区域)范围减小，其反演结果精度得到进一步提升。

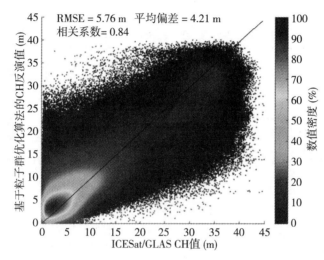

图 3-43　基于粒子群优化算法的 CH 反演值与 ICESat/GLAS CH 值散点图

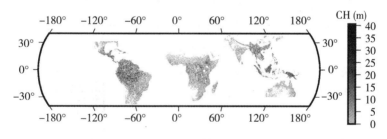

图 3-44　基于粒子群优化算法的 CH 反演值分布示意图

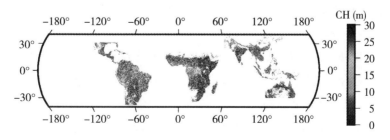

图 3-45　基于粒子群优化算法 CH 反演值的绝对偏差分布示意图

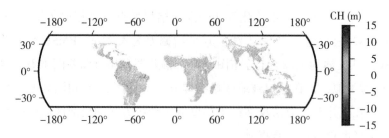

图 3-46　传统方法与粒子群优化算法的 CH 反演值的绝对偏差差值分布示意图

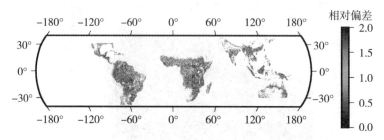

图 3-47　基于粒子群优化算法 CH 反演值的相对偏差分布示意图

3.4　本章小结

　　本章首先介绍了星载 GNSS-R 数据和植被参数反演的验证数据及其预处理方法。通过分析了土壤湿度对裸土表面菲涅耳反射率的影响，构建了一个顾及土壤湿度影响的校正反射率观测量。结果表明，与传统的反射率相比，校正反射率与 AGB 的相关系数从 0.48 提升到了 0.58，与 CH 的相关系数从 0.54 提升到了 0.60。

　　其次，在校正反射率的基础上，提出了一种顾及土壤湿度校正的星载 GNSS-R 的 AGB 和 CH 反演方法。结果表明，采用本书提出的方法在 AGB 反演和 CH 反演方面具有更好的性能。基于传统方法和改进方法反演 AGB 的 RMSE 分别为 73.38t/hm^2 和 64.84t/hm^2，相关系数分别为 0.76 和 0.80。与传统方法相比，改进方法的 RMSE 降低了 11.63%，相关系数提高了 5.26%。传统方法的 AGB 反演在 AGB 值约为 400t/hm^2 时出现饱和现象，而改进方法的 AGB 反演则提升为 450t/hm^2。CH 反演结果表明，传统方法和改进方法反演结果的 RMSE 分别为 6.83m 和 5.97m，相关系数分别为 0.79 和 0.83。

　　最后，针对改进方法在少部分像素点精度不如传统方法的问题，利用粒子群优化算法对两者结果进行融合，进一步将 AGB 和 CH 的反演精度提高到 63.77t/hm^2 和 5.76m，其相关系数分别提升至 0.81 和 0.84。

第4章 多源数据联合反演地上生物量方法

在 AGB 估算中,各种遥感技术各有千秋,优缺点并存。因此,挖掘和分析各类遥感数据信息,并根据各自的优势进行融合,充分发挥多源遥感数据的优势,是 AGB 精准反演的热点和难点(李德仁,2012;刘茜,2015;陈琳,2020)。在第 3 章中,主要利用单一的星载 GNSS-R 数据对 AGB 和 CH 两个植被参数进行独立反演。事实上,CH 和 AGB 之间存在相关性,可由 CH 反演得到 AGB。本章在第 3 章的基础上,建立单源 CH 反演 AGB 的数学模型,首次引入 ICESat/GLAS 的 CH 数据,构建 CYGNSS/SMAP/ICESat/GLAS 多源数据联合反演 AGB 的模型,并评估其反演性能。

4.1 地上生物量反演数据及预处理

本章涉及的数据包括:CYGNSS 的 GNSS-R 反射数据、SMAP 的土壤湿度数据、ICESat/GLAS 的 CH 数据和 LUCID 的 AGB 数据。其中,前三者用于反演 AGB,后者用于 AGB 参考比对。

本章的数据预处理方法与第 3 章的预处理流程类似。图 4-1 给出了多源数据联合反演 AGB 方法的数据预处理流程图。数据预处理阶段分为三部分:星载 GNSS-R 数据、SMAP 数据和植被参数数据。在星载 GNSS-R 数据预处理环节,首先识别海陆边界,剔除海洋区域的反射数据,保留陆地区域的数据,然后利用式(3-1)对 CYGNSS 观测数据进行降噪处理,并过滤掉入射角大于 40° 的数据。在 SMAP 数据预处理环节,选取 2019 年 1 月到 2019 年 6 月的 L3 级 9km 分辨率的土壤湿度数据,对无效数据(即数值为空的像素)进行剔除后,并使用插值法对空白像素进行插值。由于 9km 分辨率的土壤湿度数据在 9km 像素内的土壤湿度大小均视为同一,因此最近值插值法更适合本节数据情况,因此本书利用最近值插值法对空白像素进行插值。在植被参数数据预处理环节,选取 LUCID 的 AGB 数据和 ICESat/GLAS 的 CH 数据。由于选取的数据像素较大,为了方便与 CYGNSS 数据比较并建模,需将两种数据的像素降为 0.05°×0.05°。最后,根据预处理好的 CYGNSS 数据、SMAP 数据、植被参数数据进行数据的归一化处理并投影到 0.05°×0.05° 格网内。完成空间匹配后,提取格网内都存在 CYGNSS 数据、SMAP 数据、植被参数的像素点及其对应的值。

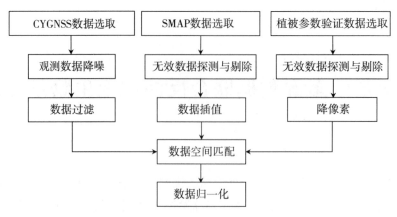

图 4-1　多源数据反演 AGB 方法流程图

4.2　基于单源/多源数据的地上生物量反演模型

传统的 AGB 估算方法是通过野外实测的胸径和树冠高(CH)信息，根据异速生长方程来估算不同种类树木的生物量，随后，通过区域内不同类型树木的占比来计算总的 AGB(Valbuena，2013；陈琳，2020)。然而，由于全球树木的胸径公开信息较少，难以利用胸径信息对 AGB 反演精度进行提升。幸运的是，ICESat/GLAS 提供了全球 CH 信息，为 AGB 反演提供了数据支撑。本节首先建立了 AGB 与 CH 的地球物理函数模型，并由 CH 反演 AGB。在此基础上，联合星载 GNSS-R 数据、SMAP 土壤湿度数据和 ICESat/GLAS 树冠高数据，构建了一个多源数据 ANN 反演模型。

4.2.1　单源树冠高反演地上生物量

首先采用经验地球物理模型，利用95%的随机数据训练建立 CH 和 AGB 之间的经验函数关系，剩余的 5%数据根据函数关系来反演 AGB。

经过测试，发现当 CH 与 AGB 之间的关系为幂函数时，其拟合效果和反演结果最优，即经验地球物理模型(Geophysical Model Function，GMF)曲线函数可以表示为

$$y = Ae^{x^B} \tag{4-1}$$

式中，x 为 ICESat/GLAS CH 的训练样本；y 代表匹配的 LUICID 的真实 AGB 值；A 和 B 为待估参数。

4.2.2　多源数据反演地上生物量

由于 GNSS-R 信号不仅受 CH 影响，还受到树木胸径和冠幅的影响，因此利用 GNSS-R 的信号将会额外弥补 CH 之外的信息。由于多源数据之间具有复杂的非线性关系，本书采用 ANN 建立多源数据联合反演 AGB 的数学模型。ANN 模型的激活函数为 tanh，隐藏层层

数为 2，各隐藏层神经元数为 6，其模型的结构和输入特征如图 4-2 所示。

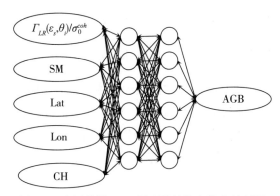

图 4-2　多源数据 ANN 模型的结构和输入特征图

在图 4-2 中：$\Gamma_{LR}(\varepsilon_s,\ \theta_i)/\sigma_0^{coh}$ 为校正反射率；Lat 为纬度；Lon 为经度；SM 为 SMAP 提取的土壤湿度；CH 为 ICESat/GLAS 的树冠高。

4.3　地上生物量反演结果与分析

4.3.1　数据处理策略

1. AGB 反演策略

AGB 反演的具体流程如图 4-3 所示。首先，利用 5%的随机 CH 和 AGB 数据建立 AGB 与 CH 之间的单源数据地球物理模型，剩余 95%的 CH 数据根据模型反演得到 AGB 值。其次，利用 5%的随机 CYGNSS、SMAP 和 CH 数据建立多源数据 ANN 模型，剩余 95%的数据根据训练得到的 ANN 模型对 AGB 进行反演。

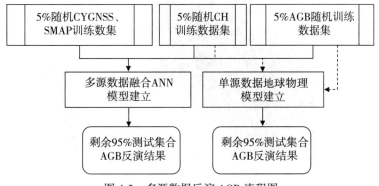

图 4-3　多源数据反演 AGB 流程图

2. 反演性能评估指标

评估参数与第 3 章类似，包括 RMSE、相关系数、绝对偏差和相对偏差。

4.3.2　基于 GMF 模型的单源反演结果

为了分析单源 CH 数据与 AGB 数据在经验地球物理模型下的拟合效果，图 4-4 给出了 ICESat/GLAS 提供的 CH 数据与 LUCID 提供的 AGB 参考值经匹配后的数据集散点分布，以及通过拟合得到的 GMF(白色曲线)。图 4-5 给出了基于 GMF 模型由单源 CH 数据反演的得到 AGB 结果与 AGB 参考值的散点密度图。

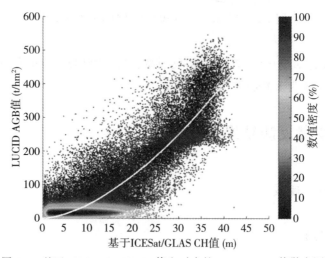

图 4-4　基于 ICESat/GLAS CH 值和对应的 LUCID AGB 值散点图
（白色线为幂函数 $Y = 0.8259 * x^{(1.678)}$）

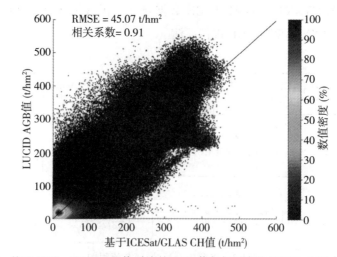

图 4-5　基于 ICESat/GLAS CH 值反演的 AGB 值与相对应的 LUCID AGB 值散点图
（黑线表示 ICESat/GLAS CH 反演的 AGB 值等于 LUCID AGB 值）

从图 4-4 中可看到，幂函数可以很好地反映 ICESat/GLAS CH 值和对应的 LUCID AGB 值之间的非线性关系。然而，当 AGB 小于 50t/hm² 时，CH 与 AGB 之间的关系不具有明显的线性或者非线性关系。从图 4-5 的反演结果来看，基于 ICESat/GLAS CH 值反演的 AGB 值与对应的 LUCID AGB 值具有很强的线性关系，其反演结果的 RMSE 和相关系数分别为 45.07t/hm² 和 0.91。然而，反演结果右下角存在部分数据偏离 1:1 线（异常凸起），将导致整体精度的下降。为了进一步分析反演效果和细节，图 4-6 给出了基于 CH 反演的泛热带 AGB 图，图 4-7 给出了反演的 AGB 值的绝对偏差分布图，图 4-8 为反演的 AGB 值的相对偏差图。

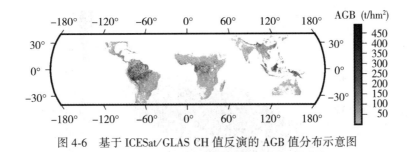

图 4-6　基于 ICESat/GLAS CH 值反演的 AGB 值分布示意图

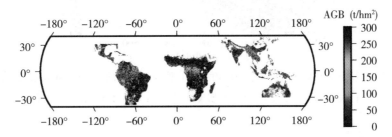

图 4-7　基于 ICESat/GLAS CH 值反演的 AGB 值的绝对偏差分布示意图

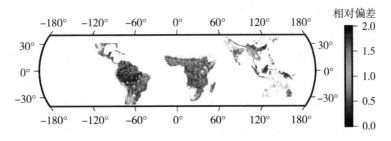

图 4-8　基于 ICESat/GLAS CH 值反演的 AGB 值的反演值的相对偏差分布示意图

从 CH 值反演的 AGB 值的分布图可看出，其反演结果与 LUCID AGB 参考值在全球范围内具有较好的一致性。从反演的 AGB 的绝对偏差图（图 4-7）可得到，单源 CH 反演结果在植被密集区域（如亚马孙雨林、刚果雨林等）其结果较差。其原因可能是 ICESat/GLAS

所使用的激光波长较短，易受植被冠层影响；而星载 GNSS-R 利用的是 L 波段信号，波长较长，信号容易穿过植被冠层来获取植被更多参数信息（如胸径）。而 AGB 对胸径较为敏感，因此，联合 ICESat/GLAS 的 CH 数据和星载 GNSS-R 数据对 AGB 进行反演具有较大意义和挑战。

4.3.3　基于 ANN 模型的多源反演结果

图 4-9 为基于 ANN 模型的多源数据联合反演得到的 AGB 值与 LUCID 提供的 AGB 参考值的对应关系。

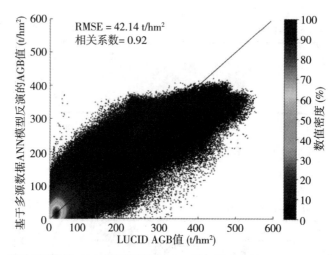

图 4-9　基于多源数据 ANN 模型反演的 AGB 值与相对应的 LUCID AGB 值散点图

（黑线表示多源数据 ANN 模型反演的 AGB 值等于 LUCID AGB 值）

从图 4-9 的反演结果可知，多源数据 ANN 模型反演的 AGB 值与对应的 LUCID AGB 参考值之间具有很强的线性关系，其反演结果的 RMSE 和相关系数分别为 42.14t/hm^2 和 0.92。与第 3 章提出的改进方法（单源星载 GNSS-R）反演的 AGB 值相比，RMSE 下降了 35.0%，相关系数提升了 15.0%；与 ICESat/GLAS 单源 CH 值反演的 AGB 值相比，RMSE 下降了 6.7%。反演结果比图 4-4 和图 4-5 反演结果更接近 1∶1 线，且减少了异常凸起，反演结果更加平缓。此外，需要声明的是，尽管多源数据融合能在一定程度上精度，但从图 4-9 中可以看出，当 AGB 值大于 350t/hm^2 时，其反演结果存在低估现象。这与第 3 章中 AGB 反演结果低估现象的原因类似。因此，多源数据融合也会将部分数据缺陷引入模型，但总体上，多源数据融合的反演效果是优于单源反演的结果。

类似地，图 4-10 给出了基于多源数据 ANN 模型的 AGB 反演值的全球分布；图 4-11 显示了基于多源数据 ANN 模型反演 AGB 值绝对偏差的全球分布；图 4-12 显示了基于多源数据 ANN 模型反演 AGB 值的相对偏差。

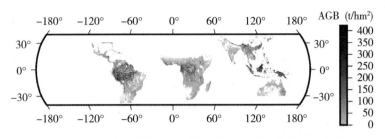

图 4-10　基于多源数据 ANN 模型的 AGB 反演值分布示意图

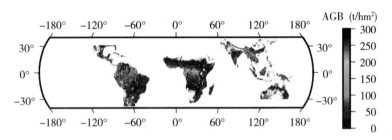

图 4-11　基于多源数据 ANN 模型反演的 AGB 值绝对偏差分布示意图

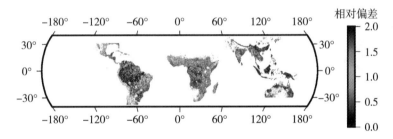

图 4-12　基于多源数据 ANN 模型反演的 AGB 值相对偏差分布示意图

　　对比图 4-11 和图 3-23 以及图 4-10 和图 3-27 可得知，相较于单源 GNSS-R 反演的绝对偏差即相对偏差结果，联合多源数据可以显著改善全球不同区域的绝对偏差和相对偏差，提升 AGB 反演性能。与单 CH 模型反演的 AGB 绝对偏差结果（图 4-11 和图 4-7）相比，联合多源数据反演绝对偏差结果在缅甸、泰国、亚马孙雨林西南部、澳大利亚北部等国家及地区更小，反演结果更优。与单 CH 模型反演相对偏差结果（图 4-12 和图 4-8）相比，多源数据反演在澳大利亚、东南亚等地区的相对偏差结果较小；而在墨西哥、巴西和秘鲁等地区，其相对偏差结果稍大。因此，从整体上看，多源数据可以带来反演结果精度的提升，但与单 CH 模型反演结果相比，在部分低 AGB 地区会稍差，其原因可能是星载 GNSS-R 数据在低 AGB 地区受到土壤湿度影响较大，且未能完全避免土壤湿度的影响。

4.4　本章小结

　　本章首先建立了基于 GMF 模型的单源 CH 反演 AGB 模型，随后引入 ICESat/GLAS 的 CH 数据，建立了 CYGNSS/SMAP/ICESat/GLAS 多源数据联合反演 AGB 的模型。通过分析 ICESat/GLAS 的 CH 数据和 LUCID 提供的 AGB 参考值发现，CH 与 AGB 为幂函数关系，并基于该模型关系对 AGB 进行反演。结果表明，其 RMSE 和相关系数分别为 $45.07t/hm^2$ 和 0.91。联合多源数据可提高 AGB 反演的性能，其 RMSE 和相关系数分别达到 $42.14t/hm^2$ 和 0.92。虽然多源数据从整体上可以带来反演结果精度的提升，但是与单 CH 模型反演结果相比，在部分低 AGB 地区会稍差，这可能与多源数据质量有关，有待于进一步深入分析和研究。

第 5 章　星载 GNSS-R 植被归一化指数反演方法

前面章节已对 AGB 和 CH 进行了反演，在反演过程中，构建了一个顾及土壤湿度校正的反射率观测量。与传统的反射率相比，尽管校正后的反射率与 AGB 和 CH 具有更高的相关性，且反演的 AGB 和 CH 精度和相关系数有较大提升，但是校正后的反射率并未能完全消除土壤湿度的影响。此外，参考的 AGB 和 CH 图时间相对较久，而同属于植被参数的 NDVI 可以提供近实时更新数据，且时空分辨率高，更具参考价值。因此，本章将借鉴微波遥感中的辐射传输 $(\tau - w)$ 模型，导出一个适合于星载 GNSS-R 植被反演的观测量，并利用机器学习方法建立其与 NDVI 的映射模型，实现星载 GNSS-R 植被归一化指数的反演。

5.1　数据集与数据预处理

5.1.1　MODIS 数据

目前，MODIS 提供的 NDVI 数据是公认的数据质量较好的植被指数产品之一，因此，本章将其作为实验及验证数据。MODIS 的 NDVI 产品是由中分辨率成像光谱仪获取的地面反射信号的红波段(620nm~670nm)和近红外波段(842nm~876nm)数据，并通过相应的公式计算得到。本章所使用到的 MODIS 产品是 MOD13A2 第 6 版本 NDVI 产品。该产品每 16 天可以提供全球 250m、500m 以及 1km 分辨率的 NDVI 值。由于本章所使到的 SMAP 数据分辨率为 36km，为了后续实验的进行，需将 NDVI 值分辨率提升至 36km。由于 250m、500m 以及 1km 分辨率提升后的 NDVI 值近似，为了减小计算量，本书使用的是 1km 分辨率的 NDVI 产品。本章采用的数据日期为 2019 年第 1 天至第 192 天，图 5-1 到图 5-4 分别给出了前期(第 1—16 天)、中期(第 81—96 天)、后期(第 177—192 天)以及第 1 天至第 192 天平均值图。

此外，本书还使用了 MODIS 的土地覆盖类型产品。该产品是每年从 Terra 数据中提取的土地覆盖特征不同分类方案的数据分类产品。该产品数据是经过重新投影到地理坐标，空间分辨率为 0.5°，格式为 GeoTIFF 格式。覆盖经度范围 180°W~180°E，纬度范围为 64°S~84°N。土地覆盖分类按照国际地圈生物圈计划（International Geosphere Biosphere Programme，IGBP）所定义的 17 类进行分类，包括 11 类自然植被分类、3 类土地利用和土地镶嵌、以及 3 类无植生土地分类，如图 5-5 所示。需要注意的是，由于 SMAP 数据里也提供了土地覆盖类型，因此本书所使用的土地覆盖类型数据是直接从 SMAP 数据中提取。

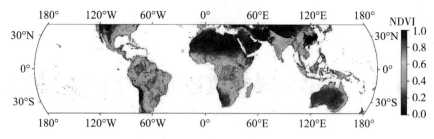

图 5-1　2019 年第 1 天至 2019 年第 16 天 NDVI 全球分布示意图

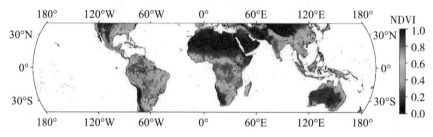

图 5-2　2019 年第 81 天至 2019 年第 96 天 NDVI 全球分布示意图

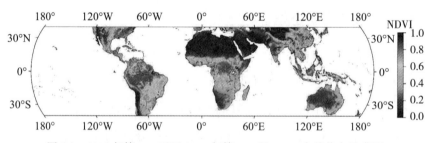

图 5-3　2019 年第 177 天至 2019 年第 192 天 NDVI 全球分布示意图

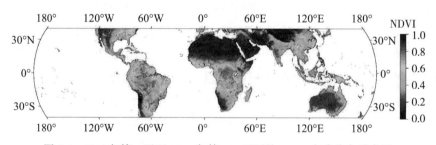

图 5-4　2019 年第 1 天至 2019 年第 192 天平均 NDVI 全球分布示意图

在图 5-5 中，1 代表常绿针叶林；2 代表常绿阔叶林；3 代表落叶针叶林；4 代表落叶阔叶林；5 代表混交林；6 代表郁闭灌丛；7 代表开放灌丛；8 代表多树的草原；9 代表稀树草原；10 代表草原；11 代表永久湿地；12 代表作物；13 代表城市和建成区；14 代表作物和自然植被的镶嵌；15 代表雪、冰；16 代表裸地或低植被覆盖地。此外，0 属于水体，由于水体对反演结果有较大影响，因此像素内水体大于 10% 的像素被排除，故水体未在图

5-5 中显示。

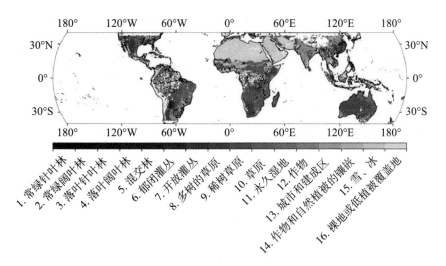

图 5-5　IGBP 地物分类示意图

5.1.2　数据预处理方法

图 5-6 给出了 NDVI 反演方法数据预处理流程图。在数据预处理中，主要将数据分为了三部分：星载 GNSS-R 数据、SMAP 数据和 MODIS 数据。

1. 数据选取

对于 CYGNSS，选取数据为 2019 年 1 月到 2019 年 6 月的 2.1 版本的 L1 级数据。提取的参数量为：DDM 的 SNR、镜面反射点的经纬度、反射信号到达时刻、GPS EIRP、接收机天线增益、发射机与镜面反射点距离、接收机与镜面反射点距离、入射角以及 BRCS。对于 SMAP，选取了 2019 年 1 月到 2019 年 6 月的 L3 级 9km 级的土壤湿度数据；对于 MODIS，选取了 2019 年第 1 天至第 192 天内的 NDVI 及 IGBP 地物分类数据。三种数据的选取范围均为：40°S~40°N。

2. 数据降噪

对于 CYGNSS 数据，根据式(3-1)进行降噪。

3. 数据过滤

对于 CYGNSS，为了获取更多的数据进行建模，未根据入射角对数据进行筛选，因此，需要根据海岸线经纬度数据对海洋数据进行过滤。类似地，对 SMAP 和 MODIS 无效数据进行探测和剔除，并根据 IGBP 地物分类数据，将水体大于 10% 的像素点进行剔除。

4. 数据拼接与重投影

对于 MODIS 2019 年第 1 天至第 192 天内的 NDVI 图像，使用 MODIS 投影工具 MRT（MODIS Reprojection Tool）进行每 16 天的拼接，并对拼接好的图像进行平均；由于 CYGNSS、SMAP 及 MODIS 数据格式不同，为了方便数据对比并建模，需将三种数据投影到 EASE-Grid 2.0 坐标系下，其空间分辨率为 36km。

5. 数据归一化与空间匹配

最后，根据预处理好的 CYGNSS 数据、SMAP 数据、IGBP 地物分类数据，使用式（3-1）进行归一化处理。对 NDVI 数据和归一化后的 CYGNSS 数据、SMAP 数据、IGBP 地物分类数据进行空间匹配，即提取所有数据在同一像素内具有数值的像素点。

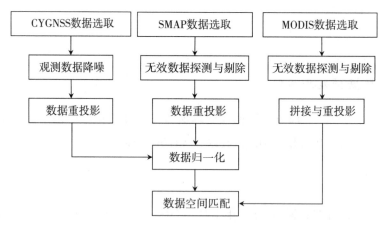

图 5-6　NDVI 反演方法数据预处理流程图

5.2　植被归一化指数反演

5.2.1　GNSS-R 截距特征 B 植被观测量

当植被生长在土壤表面时，植被会衰减土壤表面反射信号。在微波频段，植被对信号的影响可以利用辐射传输（τ-w）模型进行建模（Kerr et al., 2012）。该模型是基于两个参数，即光学深度（τ）和单散射反照率（w），分别用于表述植被衰减特性和冠层内的散射效应。τ-w 模型公式为

$$e = \frac{1 - \Gamma_{LR}(\varepsilon_s, \ \theta_i)}{L} + \left[1 - \frac{1}{L} \right] \cdot (1 - w) + \frac{\Gamma_{LR}(\varepsilon_s, \ \theta_i)}{L} \cdot \left[1 - \frac{1}{L} \right] (1 - w) \quad (5\text{-}1)$$

式中, e 表示地表发射率; $\varGamma_{LR}(\varepsilon_s,\theta_i)$ 表示裸土表面菲涅耳反射率, 取决于土壤的特性(包括水分、质地、粗糙度和盐度等); w 是单次散射反照率, 主要与植被冠层有关; L 是植被层的衰减率, L 可以表示为

$$L = e^{\tau/\cos(\theta)} \tag{5-2}$$

式中, τ 表示光学深度; θ 为入射角。

在裸土表面, 发射率 e 可以表示为

$$e = 1 - \varGamma_{LR}(\varepsilon_s,\theta_i) \tag{5-3}$$

由第 3 章可知, $\varGamma_{LR}(\varepsilon_s,\theta_i)$ 可由地表面的相对复介电常数和入射角计算得到, 也可表示为关于土壤特性的函数, 包括土壤湿度、质地、粗糙度和盐度等。因此, 假设:

$$\varGamma_{LR}(\varepsilon_s,\theta_i) = \delta \cdot SM \tag{5-4}$$

式中, δ 表示关于土壤质地、粗糙度和盐度等参数的函数; SM 表示为土壤湿度值。

将式(5-4)代入式(5-1), 可得

$$e = \frac{\delta \cdot \left[1 - \dfrac{1}{L}\right] \cdot (1-w) - \delta}{L}SM + \left[1 - \frac{1}{L}\right] \cdot (1-w) + \frac{1}{L} \tag{5-5}$$

由于 GNSS 属于 L 微波频段, 故可以使用 $\tau\text{-}w$ 模型。对于 GNSS-R, 发射率 e 表示为

$$e = 1 - P_r \tag{5-6}$$

式中, P_r 表示为反射功率, 式(5-5)可以变形为

$$P_r = \frac{\delta \cdot \left[\dfrac{1}{L} - 1\right] \cdot (1-w) - \delta}{L}SM + \left[\frac{1}{L} - 1\right] \cdot (1-w) - \frac{1}{L} - 1 \tag{5-7}$$

假设:

$$A = \frac{\delta \cdot \left[\dfrac{1}{L} - 1\right] \cdot (1-w) - \delta}{L} \tag{5-8}$$

$$B = \left[\frac{1}{L} - 1\right] \cdot (1-w) - \frac{1}{L} - 1 \tag{5-9}$$

将式(5-8)和式(5-9)代入式(5-7)可得

$$P_r = A \cdot SM + B \tag{5-10}$$

式中, 相关系数 A 的大小取决于土壤的质地、土壤表面粗糙度、土壤表面盐度以及土壤表面植被等; 截距 B 与植被参数直接相关的量。因此, B 值可作为 GNSS-R 植被反演的一个重要特征输入值, 我们称之为"截距特征值"。利用 CYGNSS 反射率及 SMAP 提供的土壤湿度数据, 可拟合得到 A 和 B 值。为了使每个像素点内有足够的样本数, 我们将空间分辨率设为 36km, 采样时间为 2019 年 1 月至 6 月。在该段时间内, 尽管 NDVI 参考值会随时间发生变化, 但从图 5-1 到图 5-4 可以看出, NDVI 在半年时间内的数值较为稳定, 因此 NDVI 参考值可采用 2019 年第 1 天至 2019 年第 192 天的平均 NDVI 值。

5.2.2　植被归一化指数反演方法

1. 线性模型

在式(5-9)中，截距 B 是与植被参数直接相关的量，且相关系数 A 也是与植被参数有一定的关系。此外，NDVI 在不同的地理位置和地物分类下也呈现不同形态。因此，地物分类和地理位置信息也是重要的特征信息。为了验证地物分类和地理位置信息对 NDVI 反演性能的贡献程度，本书采用 5 种 NDVI 线性反演模型，其公式分别为

$$NDVI = a \cdot B + b \tag{5-11}$$

$$NDVI = a \cdot A + b \cdot B + c \tag{5-12}$$

$$NDVI = a \cdot A + b \cdot B + c \cdot Landcover + d \tag{5-13}$$

$$NDVI = a \cdot A + b \cdot B + c \cdot Lat + d \cdot Lon + e \tag{5-14}$$

$$NDVI = a \cdot A + b \cdot B + c \cdot Landcover + d \cdot Lat + e \cdot Lon + f \tag{5-15}$$

式中，A 为式(5-10)的相关系数；B 为式(5-10)的截距；Landcover 为地物分类；Lat 为纬度；Lon 为经度。

由于地物分类没有具体数值大小，本书将不同地物分类赋值，其结果如图 5-5 所示。

2. ANN 模型

考虑到 GNSS-R 观测值与地表地球物理参数的关系并非简单的线性关系，而是比较复杂的非线性关系，因此，为了进一步提升 GNSS-R 反演 NDVI 的能力，将上述线性模型中所涉及的变量作为 ANN 模型的输入特征。与线性模型类似，为了分析地物分类和地理位置信息对 NDVI 反演性能的贡献程度，采用 5 种不同的 ANN 模型。经测试，当隐藏层层数为 1，隐藏层神经元数为 15 时，各方案的模型训练结果相对较优。5 种模型的结构和输入特征图分别如图 5-7、图 5-8、图 5-9、图 5-10 和图 5-11 所示。

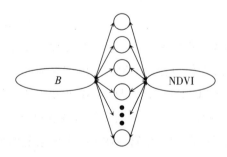

图 5-7　方案 1 的 ANN 模型的结构和输入特征图

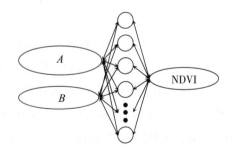

图 5-8　方案 2 的 ANN 模型的结构和输入特征图

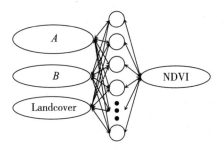
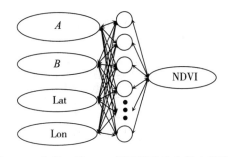

图 5-9　方案 3 的 ANN 模型的结构和输入特征图　　图 5-10　方案 4 的 ANN 模型的结构和输入特征图

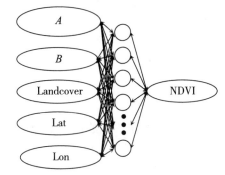

图 5-11　方案 5 的 ANN 模型的结构和输入特征图

图 5-7 中、图 5-8、图 5-9、图 5-10 和图 5-11 中，A 为式（5-10）的相关系数；B 为式（5-10）的截距；Landcover 为地物分类；Lat 为纬度；Lon 为经度。

5.3　植被归一化指数反演结果与分析

5.3.1　数据处理策略

1. NDVI 反演策略

本章节主要是利用 GNSS-R 对 NDVI 进行反演。在反演过程中，首先根据 $\tau - w$ 模型推导出了 GNSS-R 植被观测参数，然后采用 2019 年 1 月至 6 月的 CYGNSS 数据及 SMAP 提供的土壤湿度数据对推导出的植被观测参数进行提取。接着，在此观测量基础上，分别采用线性模型和 ANN 模型进行 NDVI 反演。具体反演策略如图 5-12 所示。

首先，利用 5% 随机 GNSS-R 观测量、地物分类数据、经纬度数据和 NDVI 数据建立输入特征值与 NDVI 之间的不同方案的线性模型，然后剩余 95% 的数据根据模型反演得到 NDVI 值。其次，利用 5% 的随机 GNSS-R 观测量、地物分类数据、经纬度数据及 NDVI 数据建立不同方案的 ANN 模型，剩余 95% 的数据根据训练得到的 ANN 模型对 NDVI 进行反演。

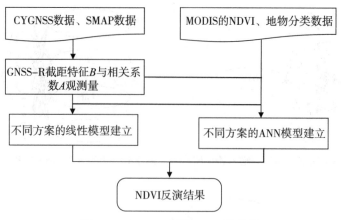

图 5-12　GNSS-R 反演 NDVI 流程图

2. 评估指标

与第 4 章类似，本节中所用到的结果评估参数包括 RMSE、相关系数、绝对偏差和相对偏差。

5.3.2　新观测量与 NDVI 的相关性分析

如前文所述，截距特征 B 是本章构建的用于表征植被指数的新观测量。为了验证这一新观测量与植被参数的相关性，首先将 CYGNSS 反射率和 SMAP 土壤湿度数据按式(5-10)进行线性回归，拟合得到新观测量 B 在全球范围的分布，如图 5-13 所示。然后将截距特征 B 与 MODIS 提供的 NDVI 参考值进行相关性分析，绘制得到两者的散点密度分布图，如图 5-14 所示。为了对比式(5-10)中 A 和 B 这两个不同观测量对植被参数的敏感性，同时给出了系数 A 的拟合结果及其与 NDVI 的散点分布密度图，如图 5-15 和图 5-16 所示。

如图 5-13 和图 5-14 所示，表征 GNSS-R 植被指数的新观测量（截距特征 B）的全球分布和图 5-14 的参考 NDVI 的分布较为吻合，两者之间具有很强的正相关性，其相关系数优于 0.67。而从图 5-15 和图 5-16 可得，系数 A 的全球分布与 NDVI 分布差异较大，其与 NDVI 散点分布表明其相关性较小，相关系数约为 0.19。换言之，相比于截距特征 B，系数 A 对植被参数的敏感性更低。式(5-10)也从理论上解释了这一原因，即系数 A 不仅取决于植被衰减，还与土壤湿度密切相关。

为了进一步验证新观测量的优势，本节还对比分析了传统观测量，即由式(2-35)计算得到的 CYGNSS 反射率，及其与 NDVI 的散点分布图，如图 5-17 和图 5-18 所示。对比图 5-17 和图 5-18，尽管利用 CYGNSS 反射率与 NDVI 在全球分布上具有较好一致性，但是从图 5-18 中可以得到 CYGNSS 反射率与 NDVI 的散点分布较为发散，相关性较差，且呈现负相关，相关系数约为 −0.38。可见，本章提出的 GNSS-R 植被观测量 B 与 NDVI 相关性较好，反演 NDVI 优势明显。

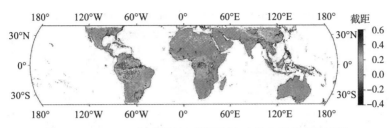

图 5-13 CYGNSS 新观测量(截距特征 B)的全球分布示意图

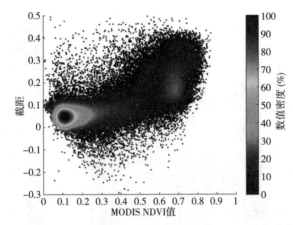

图 5-14 CYGNSS 新观测量(截距特征 B)与 NDVI 散点分布图

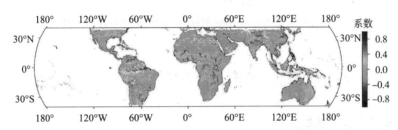

图 5-15 CYGNSS 新观测量(相关系数 A)的全球分布示意图

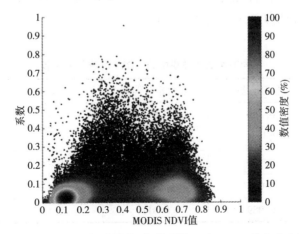

图 5-16 CYGNSS 新观测量(相关系数 A)与 NDVI 散点分布图

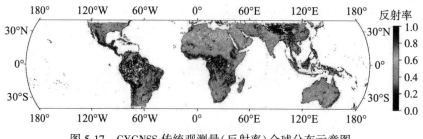

图 5-17　CYGNSS 传统观测量(反射率)全球分布示意图

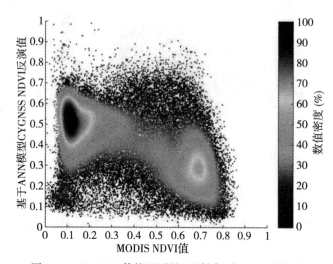

图 5-18　CYGNSS 传统观测量(反射率)与 NDVI 散点图

5.3.3　线性及 ANN 模型 NDVI 反演结果

1. 线性模型反演结果与分析

基于线性模型,采用 5.2.2 节中提及的 5 种方案反演 NDVI,其结果的平均偏差、相对平均偏差、RMSE 和相关系数如表 5-1 所示。

表 5-1　　　　　　　　　　不同方案的线性模型的 NDVI 反演效果比较

方案	平均偏差	平均相对偏差	RMSEs	相关系数
方案 1	0.140	0.633	0.170	0.67
方案 2	0.113	0.419	0.147	0.77
方案 3	0.106	0.361	0.138	0.80
方案 4	0.094	0.337	0.125	0.84
方案 5	0.089	0.311	0.116	0.86

从表 5-1 中可得，单利用截距特征 B 进行 NDVI 反演（即方案 1），其结果的平均偏差、平均相对偏差、RMSE 和相关系数分别为 0.140、0.633、0.170 和 0.67。在引入相关系数 A 后（即方案 2），其反演结果的平均偏差、平均相对偏差、RMSE 和相关系数分别为 0.133、0.419、0.147 和 0.77。在继续引入地物分类信息后（即方案 3），其反演结果的平均偏差、平均相对偏差、RMSE 和相关系数分别为 0.106、0.361、0.138 和 0.80。在截距特征 B 和相关系数 A 基础上引入地理位置信息后（即方案 4），其反演结果的平均偏差、平均相对偏差、RMSE 和相关系数分别为 0.094、0.337、0.125 和 0.84；在截距特征 B 和相关系数 A 基础上同时引入地物分类和地理位置信息后（即方案 5），其反演结果的平均偏差、平均相对偏差、RMSE 和相关系数分别为 0.089、0.311、0.116 和 0.86。可见，在上述各种观测量中，截距特征 B 反演贡献最大，其次是线性系数 A，然后是纬度、经度，最后为地物分类。同时引入地物分类和地理位置信息后，NDVI 反演性能得到进一步提升，其精度和相关系数分别提高了 15.94% 和 7.50%。为了具体分析不同方案在不同地物分类下的反演效果，表 5-2、表 5-3、表 5-4、表 5-5 和表 5-6 分别给出了上述方案中在不同地物分类下的 NDVI 反演效果。由于有 5 种分类的反演数量较少，不具有参考性，故只给出了 14 种地物分类反演效果。

表 5-2　　　　　　　　**方案 1 不同地物分类下的 NDVI 反演效果比较**

地物分类	RMSEs	平均绝对偏差	平均相对偏差	相关系数
常绿针叶林	0.149	0.111	0.396	0.16
常绿阔叶林	0.129	0.103	0.156	0.12
落叶阔叶林	0.271	0.249	0.360	−0.10
混交林	0.107	0.082	**0.150**	0.43
郁闭灌丛	**0.060**	**0.049**	0.153	0.43
开放灌丛	0.116	0.093	0.515	0.09
多树草原	0.175	0.145	0.235	0.32
稀树草原	0.239	0.214	0.377	0.50
草原	0.177	0.139	0.683	0.37
永久湿地	0.197	0.159	0.301	−0.25
作物	0.163	0.122	0.314	0.43
城市和建成区	0.178	0.135	0.311	0.33
作物和自然植被的镶嵌	0.136	0.107	0.246	**0.72**
裸地或低植被覆盖地	0.173	0.157	1.672	0.04

表 5-3　　　　　　　　　　**方案 2 不同地物分类下的 NDVI 反演效果比较**

地物分类	RMSEs	平均绝对偏差	平均相对偏差	相关系数
常绿针叶林	0.125	0.082	0.294	0.20
常绿阔叶林	0.126	0.101	0.152	0.11
落叶阔叶林	0.225	0.206	0.300	−0.12
混交林	0.124	0.101	0.184	0.44
郁闭灌丛	**0.059**	**0.047**	**0.146**	0.27
开放灌丛	0.090	0.066	0.351	0.32
多树草原	0.144	0.120	0.203	0.28
稀树草原	0.219	0.195	0.345	0.25
草原	0.137	0.103	0.544	**0.65**
永久湿地	0.176	0.141	0.277	−0.09
作物	0.161	0.126	0.356	0.41
城市和建成区	0.191	0.157	0.369	0.35
作物和自然植被的镶嵌	0.132	0.104	0.241	**0.65**
裸地或低植被覆盖地	0.125	0.097	1.063	0.09

表 5-4　　　　　　　　　　**方案 3 不同地物分类下的 NDVI 反演效果比较**

地物分类	RMSEs	平均绝对偏差	平均相对偏差	相关系数
常绿针叶林	0.209	0.178	0.607	0.16
常绿阔叶林	0.124	0.098	**0.155**	0.11
落叶阔叶林	0.166	0.151	0.222	−0.10
混交林	0.128	0.103	0.191	0.43
郁闭灌丛	0.104	0.087	0.273	0.30
开放灌丛	0.113	0.094	0.528	0.33
多树草原	0.140	0.116	0.196	0.26
稀树草原	0.214	0.190	0.334	0.18
草原	0.131	0.101	0.521	**0.67**
永久湿地	0.145	0.113	0.218	−0.05
作物	0.141	0.113	0.307	0.39
城市和建成区	0.189	0.155	0.361	0.35
作物和自然植被的镶嵌	0.155	0.120	0.244	0.61
裸地或低植被覆盖地	**0.069**	**0.040**	0.446	0.10

表 5-5 **方案 4 不同地物分类下的 NDVI 反演效果比较**

地物分类	RMSEs	平均绝对偏差	平均相对偏差	相关系数
常绿针叶林	0.107	0.082	0.268	0.28
常绿阔叶林	0.127	0.102	0.155	0.18
落叶阔叶林	0.107	0.091	**0.134**	0.28
混交林	0.143	0.113	0.201	0.51
郁闭灌丛	0.083	0.064	0.197	0.07
开放灌丛	0.121	0.094	0.522	0.33
多树草原	0.109	0.090	0.152	0.57
稀树草原	0.148	0.125	0.225	0.53
草原	0.113	0.085	0.373	**0.82**
永久湿地	0.186	0.146	0.279	0.24
作物	0.151	0.122	0.334	0.56
城市和建成区	0.175	0.149	0.383	0.53
作物和自然植被的镶嵌	0.112	0.087	0.204	0.75
裸地或低植被覆盖地	**0.100**	**0.058**	0.657	0.05

表 5-6 **方案 5 不同地物分类下的 NDVI 反演效果比较**

地物分类	RMSEs	平均绝对偏差	平均相对偏差	相关系数
常绿针叶林	0.091	0.072	0.235	0.53
常绿阔叶林	0.128	0.102	0.156	0.18
落叶阔叶林	0.097	0.082	**0.122**	0.23
混交林	0.124	0.100	0.179	0.56
郁闭灌丛	0.084	0.064	0.200	0.15
开放灌丛	0.115	0.095	0.528	0.41
多树草原	0.112	0.093	0.156	0.55
稀树草原	0.152	0.130	0.232	0.53
草原	0.105	0.081	0.360	**0.83**
永久湿地	0.167	0.133	0.251	0.25
作物	0.130	0.107	0.289	0.62
城市和建成区	0.156	0.129	0.321	0.57
作物和自然植被的镶嵌	0.117	0.092	0.199	0.75
裸地或低植被覆盖地	**0.067**	**0.039**	0.425	0.11

　　从表 5-2、表 5-3、表 5-4、表 5-5 和表 5-6 可知：在 5 个方案中，从整体上看，引入地理位置信息比引入地物分类信息在反演效果上有小幅度提升，并且在同时引入地物分类信息和地理位置信息后，其反演效果在不同地物分类中均有较大的提升。从局部上看，在 5 个方案中，除了方案 1 在作物和自然植被的镶嵌分类中相关系数最优，其他方案均在草原分类中的反演结果的相关系数为最优，作物和自然植被的镶嵌分类则其次。其他分类的相关系数相对较小，其原因是在其他地物分类中的 NDVI 范围较小且数量较少。RMSE 和绝对偏差在裸地或低植被覆盖地或郁闭灌丛分类中的最小，其原因是裸地或低植被覆盖地中植被覆盖率较小，相对偏差在落叶阔叶林或者混交林中最小。

　　为了进一步分析模型反演结果，同时也为了避免重复累赘，下面只给出了方案 5 的具体反演结果，如图 5-19 至图 5-22 所示。图 5-19 为线性模型反演的 NDVI 值全球分布图。图 5-20 为线性模型反演的 NDVI 值与相 MODIS 提供的 NDVI 参考值的散点分布图。图 5-21 为线性模型反演 NDVI 值的绝对偏差图。图 5-22 为线性模型反演 NDVI 值的相对偏差图。需要声明的是，图 5-20 中，将偏离 1∶1 线较大的点使用 3 倍 sigma 原则进行粗差探测和剔除。此外，由于在数据筛选时对超过 10% 水体的像素点进行了剔除，故在部分地区分辨率较差，如亚马孙地区。

　　如图 5-19 所示，线性模型 CYGNSS NDVI 反演结果与 MODIS NDVI 全球分布吻合性较好。从图 5-20 中也可看出，线性模型 CYGNSS NDVI 反演结果与 MODIS NDVI 值散点分布在 1∶1 线附近。经过运算，式(5-13) 中待估参数的值大小分别为：$a = 0.5943$；$b = 1.1627$；$c = -0.1177$；$d = -0.2637$；$e = -0.2005$；$f = 0.0083$；其结果的相关系数达到 0.86，RMSE 优于 0.116。从待估参数的大小反映了截距特征 B 对植被指数最为敏感，其次是线性系数 A，然后是纬度、经度，最后为地物分类。可见截距特征 B 在反演 NDVI 过程中贡献最大，此外，考虑了 CYGNSS 植被观测参数 A、地物分类及地理位置信息后，其反演结果精度会大幅度提升。尽管线性模型在整体上反演精度较好，但是分析局部地区的反演精度也极为重要。因此，从图 5-21 中可得到，反演 NDVI 的绝对偏差在全球大部分地方反演偏差均小于 0.1，在智利、秘鲁、阿根廷西部、巴西东部、纳米比亚、南非、澳大利亚东部沿海和中国北部等地方反演绝对偏差大于 0.2。此外，从图 5-22 中得到 NDVI 反演值相对偏差分布在局部地区的值也较大，包括了智利、阿根廷西部、纳米比亚、南非、

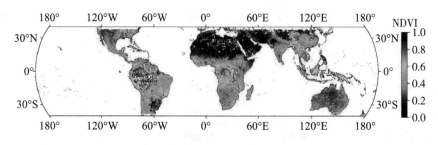

图 5-19　基于线性模型 CYGNSS NDVI 反演结果分布示意图

澳大利亚中西部、中国西北部和哈萨克斯坦等，这些地方的大部分相对偏差值大于0.8。在局部地区出现绝对偏差及相对偏差大的原因可能是由于线性模型不能准确反应观测值与NDVI值之间的关系。从图5-20中也可看出，反演结果的散点分布在0.2、0.65左右会出现明显的折角现象，可以推断观测值与NDVI值之间关系是非线性的。

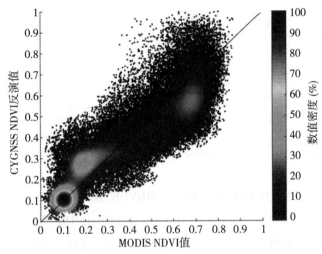

图 5-20　基于线性模型 CYGNSS NDVI 反演值与 MODIS NDVI 值散点图

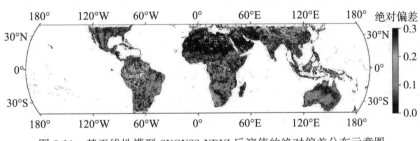

图 5-21　基于线性模型 CYGNSS NDVI 反演值的绝对偏差分布示意图

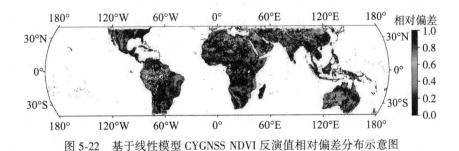

图 5-22　基于线性模型 CYGNSS NDVI 反演值相对偏差分布示意图

2. ANN 模型反演结果与分析

由上文分析可得到，线性模型不能准确反映观测值与 NDVI 值之间的关系，考虑到

ANN 可以学习 GNSS-R 观测值与地表地球物理参数之间的复杂关系，因此本节将采用 ANN 模型对 NDVI 进行反演。类似地，5 种方案的反演结果的平均偏差、相对平均偏差、RMSE 和相关系数如表 5-7 所示。

表 5-7　　　　　　　　　　　不同方案的 ANN 模型的 NDVI 反演效果比较

方案	平均偏差	平均相对偏差	RMSEs	相关系数
方案 1	0.119	0.557	0.152	0.75
方案 2	0.096	0.365	0.129	0.83
方案 3	0.072	0.248	0.097	0.90
方案 4	0.058	0.202	0.085	0.93
方案 5	0.051	0.166	0.066	0.95

从表 5-7 中可知，单利用截距特征 B 进行 NDVI 反演（即方案 1），其结果的平均偏差、平均相对偏差、RMSE 和相关系数分别为 0.119、0.557、0.152 和 0.75。在继续引入相关系数 A 后（即方案 2），其反演结果的平均偏差、平均相对偏差、RMSE 和相关系数分别为 0.096、0.365、0.129 和 0.83。在继续引入地物分类信息后（即方案 3），其反演结果的平均偏差、平均相对偏差、RMSE 和相关系数分别为 0.072、0.248、0.097 和 0.90。在截距特征 B 和相关系数 A 基础上引入地理位置信息后（即方案 4），其反演结果的平均偏差、平均相对偏差、RMSE 和相关系数分别为 0.058、0.202、0.085 和 0.93。在截距特征 B 和相关系数 A 基础上同时引入地物分类和地理位置信息后（即方案 5），其反演结果的平均偏差、平均相对偏差、RMSE 和相关系数分别为 0.051、0.166、0.066 和 0.95。可见，与线性模型类似，在 ANN 模型反演结果中，截距特征 B 反演贡献最大，其次是线性系数 A，然后是纬度、经度，最后为地物分类。在分别引入地物分类和地理位置信息后，NDVI 反演结果的精度有一定的提升，且引入地理位置信息提升的效果比地物分类的效果更加显著。同时引入地物分类和地理位置信息后 NDVI 反演结果的 RMSE 和相关系数分别降低了 29.89% 和提升了 5.55%。此外，与线性模型相比，ANN 模型整体结果较优。与线性模型类似，为了 5 种方案在不同地物分类下的反演效果，表 5-8、表 5-9、表 5-10、表 5-11 和表 5-12 分别给出了相应的 NDVI 反演结果。

从表 5-8、表 5-9、表 5-10、表 5-11 和表 5-12 可知：在 5 个方案中，从整体上看，在大部分分类中，截距特征 B 反演贡献最大，并且在截距特征 B 基础上，分别引入相关系数 A、地理位置信息以及地物分类信息在反演效果上有小幅度提升。在同时引入相关系数 A、地物分类信息和地理位置信息后，其反演效果在不同地物分类中均有较大的提升。从局部上看，在方案 1、方案 2 和方案 3 中，作物和自然植被的镶嵌中的反演结果的相关系数为最优。在方案 4 和方案 5 中，草原分类中的反演结果的相关系数为最优，作物和自然植被的镶嵌分类则其次。其他分类的相关系数相对较小，其原因与线性模型类似也是在其他地物分类中的 NDVI 范围较小且数量较少，但其结果相对线性模型有提升。在方案 2 中的 RMSE 和绝对偏差在开放灌丛最小，在方案 3、方案 4 和方案 5 中的 RMSE 和绝对偏差在裸地或低植被覆盖地分类中的最小，其原因是在开放灌丛和裸地或低植被覆盖地中植被覆盖率较小，而在方案 1 混交林最小，其原因是在该地物分类中数据量较小(约 1200)，出现误差几率较大，相对偏差在常绿阔叶林或者落叶阔叶林中相对最小。

表 5-8　　　　　　　　**方案 1 不同地物分类下的 NDVI 反演效果比较**

地物分类	RMSEs	平均绝对偏差	平均相对偏差	相关系数
常绿针叶林	0.215	0.191	0.637	0.14
常绿阔叶林	0.105	0.088	**0.129**	0.13
落叶阔叶林	0.213	0.180	0.262	0.02
混交林	**0.094**	**0.077**	0.149	0.31
郁闭灌丛	0.115	0.099	0.298	0.43
开放灌丛	0.117	0.084	0.437	0.22
多树草原	0.138	0.108	0.186	0.34
稀树草原	0.210	0.182	0.333	0.54
草原	0.186	0.139	0.712	0.39
永久湿地	0.151	0.112	0.219	−0.15
作物	0.148	0.118	0.317	0.50
城市和建成区	0.173	0.142	0.340	0.32
作物和自然植被的镶嵌	0.109	0.083	0.201	**0.78**
裸地或低植被覆盖地	0.150	0.121	1.298	0.08

表 5-9　　　　　　　　**方案 2 不同地物分类下的 NDVI 反演效果比较**

地物分类	RMSEs	平均绝对偏差	平均相对偏差	相关系数
常绿针叶林	0.179	0.140	0.493	−0.09
常绿阔叶林	0.106	0.088	**0.130**	0.15
落叶阔叶林	0.178	0.158	0.230	−0.003
混交林	0.095	0.076	0.143	0.26
郁闭灌丛	0.116	0.094	0.289	0.27
开放灌丛	**0.099**	0.072	0.369	0.40
多树草原	0.117	0.097	0.167	0.38

续表

地物分类	RMSEs	平均绝对偏差	平均相对偏差	相关系数
稀树草原	0.179	0.156	0.281	0.45
草原	0.149	0.112	0.587	0.61
永久湿地	0.125	0.100	0.195	−0.08
作物	0.135	0.108	0.317	0.50
城市和建成区	0.189	0.157	0.386	0.37
作物和自然植被的镶嵌	0.106	0.085	0.217	**0.78**
裸地或低植被覆盖地	0.112	**0.065**	0.726	0.13

表 5-10　　　　　　　　**方案 3 不同地物分类下的 NDVI 反演效果比较**

地物分类	RMSEs	平均绝对偏差	平均相对偏差	相关系数
常绿针叶林	0.242	0.227	0.744	0.20
常绿阔叶林	0.089	0.070	**0.111**	0.09
落叶阔叶林	0.094	0.074	0.119	−0.14
混交林	0.076	0.061	0.112	0.35
郁闭灌丛	0.069	0.055	0.156	0.19
开放灌丛	0.074	0.056	0.284	0.38
多树草原	0.105	0.086	0.161	0.31
稀树草原	0.120	0.098	0.198	0.45
草原	0.133	0.105	0.475	0.68
永久湿地	0.178	0.157	0.268	0.38
作物	0.121	0.098	0.279	0.45
城市和建成区	0.158	0.132	0.314	0.41
作物和自然植被的镶嵌	0.103	0.082	0.188	**0.81**
裸地或低植被覆盖地	**0.046**	**0.028**	0.345	0.12

表 5-11　　　　　　　　**方案 4 不同地物分类下的 NDVI 反演效果比较**

地物分类	RMSEs	平均绝对偏差	平均相对偏差	相关系数
常绿针叶林	0.119	0.088	0.271	−0.06
常绿阔叶林	0.092	0.070	0.106	0.46
落叶阔叶林	0.064	0.051	**0.077**	0.67
混交林	0.100	0.079	0.137	0.58

续表

地物分类	RMSEs	平均绝对偏差	平均相对偏差	相关系数
郁闭灌丛	0.064	0.053	0.159	0.24
开放灌丛	0.082	0.057	0.281	0.53
多树草原	0.072	0.055	0.097	0.80
稀树草原	0.079	0.060	0.118	0.82
草原	0.089	0.063	0.277	**0.87**
永久湿地	0.142	0.111	0.223	0.32
作物	0.110	0.078	0.208	0.71
城市和建成区	0.199	0.172	0.436	0.65
作物和自然植被的镶嵌	0.089	0.067	0.154	0.85
裸地或低植被覆盖地	**0.063**	**0.033**	0.365	0.18

表 5-12　　　　　　　　**方案 5 不同地物分类下的 NDVI 反演效果比较**

地物分类	RMSEs	平均绝对偏差	平均相对偏差	相关系数
常绿针叶林	0.134	0.110	0.323	0.22
常绿阔叶林	0.073	0.058	0.088	0.46
落叶阔叶林	0.051	0.042	**0.063**	0.65
混交林	0.069	0.054	0.100	0.51
郁闭灌丛	0.096	0.087	0.279	0.19
开放灌丛	0.066	0.050	0.254	0.57
多树草原	0.064	0.049	0.089	0.81
稀树草原	0.070	0.055	0.105	0.84
草原	0.077	0.059	0.286	**0.90**
永久湿地	0.085	0.068	0.123	0.62
作物	0.078	0.061	0.173	0.79
城市和建成区	0.135	0.118	0.269	0.61
作物和自然植被的镶嵌	0.083	0.066	0.175	0.87
裸地或低植被覆盖地	**0.034**	**0.022**	0.245	0.29

为了进一步分析模型反演结果，以方案 5 为例给出了具体反演结果，如图 5-23、图 5-24、图 5-25 和图 5-26 所示。

如图 5-23 所示，基于 ANN 模型的 CYGNSS NDVI 反演结果与 MODIS NDVI 参考值的全球分布基本吻合，并且优于线性模型的反演结果。从图 5-24 中也可看出，ANN 模型 CYGNSS NDVI 反演结果与 MODIS NDVI 值散点分布基本在 1∶1 线附近，相比线性模型，反演结果的散点分布出现的折角现象明显消失。其反演结果与 MODIS NDVI 值相比，其相关系数高达 0.95，RMSE 优于 0.066。从图 5-25 中可得出，ANN 模型反演 NDVI 值的绝对偏差在上述线性模型反演结果中较大的区域（智利、秘鲁、阿根廷西部、巴西东部、纳米比亚、南非、澳大利亚东部沿海和中国北部等地方）明显减小。从图 5-26 中也可得出，尽管相对偏差分布相比在线性模型中较大的局部地区明显减小，但部分低 NDVI 地区（如澳大利亚中部、秘鲁、中国西北部和哈萨克斯坦等）的相对偏差仍大于 0.8。该现象的原因是这些地区大多处于沙漠地区，受植被影响较小，故反演的 NDVI 精度较差。

综上，采用 ANN 模型反演 NDVI 效果在全球分布和局部分布上均达到较高水平，解决了线性模型在局部地区反演 NDVI 精度差的问题。此外，由于本章反演的 NDVI 分辨率为 36km，相比传统遥感方式的空间分辨率较低，如何提升星载 GNSS-R 反演 NDVI 空间分辨率并确保反演精度将是未来需要着重解决的问题。

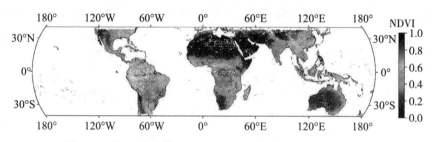

图 5-23　基于 ANN 模型 CYGNSS NDVI 反演结果分布示意图

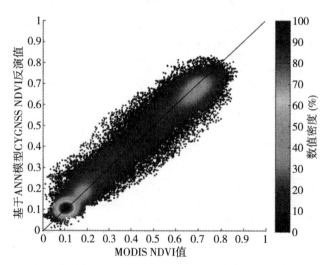

图 5-24　基于 ANN 模型 CYGNSS NDVI 反演值与 MODIS NDVI 值散点图

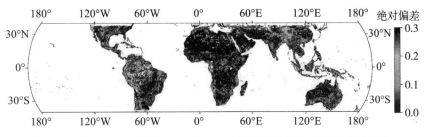

图 5-25 基于 ANN 模型 CYGNSS NDVI 反演值的绝对偏差分布示意图

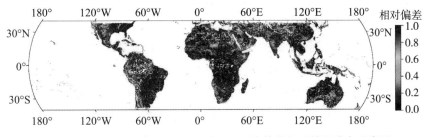

图 5-26 基于 ANN 模型 CYGNSS NDVI 反演值的相对偏差分布示意图

5.4 本章小结

  本章针对第 3 章和第 4 章中 CYGNSS 观测量未能完全避免土壤湿度影响，以及参考的 AGB 和 CH 图时间相对较久这两个问题，探索性地提出了一种星载 GNSS-R 植被归一化指数反演方法。该方法的关键在于尽可能地将土壤湿度和植被衰减这两个耦合参数分离，通过借鉴辐射传输 $(\tau - w)$ 模型推导了星载 GNSS-R 反射率与土壤湿度、植被参数的线性关系，发现回归方程的截距值 B 仅受植被影响，比线性系数 A 和传统的 GNSS-R 反射率观测量更适合用于表征植被指数。因此，将截距特征值 B 用于反演 NDVI，并对比分析了线性模型和 ANN 模型的反演性能。结果表明，在充分利用 A、B、地理位置和地物分类数据的情况下，两种模型都取得了非常好的反演效果。相比于线性模型，ANN 模型的反演精度从 0.116 提升到 0.066，相关系数从 0.86 提升到 0.95。

第6章　星载 GNSS-R 植被含水量反演方法

植被是陆地生态系统的重要组成部分，在固碳和释氧方面发挥着重要作用。它通过光合作用将大气中的二氧化碳转化为有机物质，并释放氧气，从而维持地球上的生命循环。植被含水量（VWC）作为植被属性的关键变量，是衡量植被健康状况和生理功能的一个重要指标。VWC 不仅可以用来评估森林火灾的风险，因为含水量低的植被更易燃，还可以用于监测作物干旱状况，帮助农业管理者及时采取应对措施。通过高精度和长期的 VWC 监测，能够更好地了解植被的生长动态，预测生态系统的变化趋势，从而制定科学的环境保护和资源管理策略，提升生态系统的韧性与可持续性。本章节继续使用第 5 章推导得到的星载 GNSS-R 新观测量，即斜率（系数 A）和截距（截距特征 B），来反演 VWC，并分析了系数 A 和截距特征 B 与 VWC 和 AGB 两个植被参数的敏感性。

6.1　数据集和数据预处理

6.1.1　VWC 数据集

本章节所使用的 VWC 数据集由 SMAP 提供。该数据集基于 MODIS 的土地覆盖数据和 NDVI，可通过以下链接获取：https：//nsidc. org/data/smap/smap-data。已有研究表明，该算法在全球范围内能够合理地估算植被含水量。SMAP 的 VWC 数据是通过以下公式计算得到的（Chan et al.，2013）：

$$VWC = (1.9134 \times NDVI^2 - 0.3215 \times NDVI) + stem\ factor \times \frac{NDVI_{max} - NDVI_{min}}{NDVI_{min}} \tag{6-1}$$

式中，stem factor 为茎中含水量的峰值。图 6-1（a）显示了 2019 年每个土地覆盖的每月 VWC（kg/m^2）。图 6-2 展示了 2019 年 7 月至 12 月期间的平均 VWC 值。从图 6-2 可以看出，每个土地覆盖类别中的 VWC 变化相对较小，表明在这一时间段内，全球植被含水量的总体趋势较为稳定。尽管整体变化较小，但在具体的土地覆盖类别中，VWC 仍显示出一定的区域差异。例如，森林、草地和农田等土地覆盖类别中的 VWC 较为稳定，说明这些区域的植被在这段时间内能够维持相对一致的含水量。而在沙漠、半干旱地区和高山地区，VWC 的变化可能更为显著，反映出这些区域受季节性降水和温度变化的影响较大。需要特别指出的是，由于裸露土地或稀疏植被的地物分类中，其数据量有限，这些区域的

VWC 波动较大,如图 6-1 (b)所示。

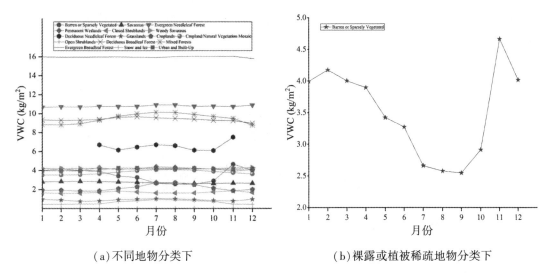

(a)不同地物分类下　　　　　　　　　　　(b)裸露或植被稀疏地物分类下

图 6-1　2019 年不同地物分类下及裸露或植被稀疏地物分类下的每月 VWC(kg/m²)变化

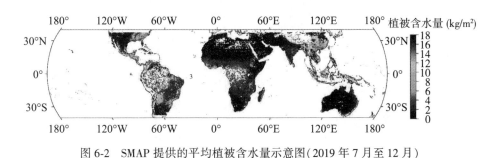

图 6-2　SMAP 提供的平均植被含水量示意图(2019 年 7 月至 12 月)

6.1.2　土壤湿度数据集

SMAP 任务由美国国家航空航天局(NASA)于 2015 年 1 月发射,其目标是每 2~3 天提供一次覆盖 45°N 至 45°S 范围内的全球土壤湿度数据。这些数据具有高精度和高空间分辨率,为研究土壤湿度提供了可靠的基础。SMAP 数据可以从以下链接下载:https://nsidc.org/data/smap/smap-data。本研究使用了 2019 年 1 月至 2019 年 12 月期间的 SMAP L3 辐射计全球每日 36kg 等面积可扩展地球网格(Equal-Area Scalable Earth,EASE)土壤湿度产品。图 6-3 展示了 2019 年 1 月至 6 月 SMAP 获得的平均土壤湿度数据。

6.1.3　土地覆盖类型

另一个重要的辅助参数是地物分类信息。该数据集基于每年的土地覆盖类型,使用不同的分类方案从 Terra 卫星数据中提取。数据以 GeoTIFF 格式重新投影为地理坐标,空间分辨率为 0.5°，覆盖经度范围为 180°W 至 180°E，纬度范围为 64°S 至 84°N。土地覆盖分类由 IGBP 定义，包括 11 类天然植被、3 类土地利用和土地镶嵌，以及 3 类非植被土地，如图 6-4 所示。这些分类为研究提供了详细的土地覆盖信息，有助于更准确地分析和解释 VWC 数据。

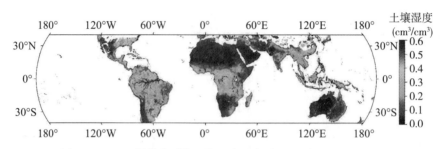

图 6-3　SMAP 提供的平均土壤湿度示意图（2019 年 1 月至 6 月）

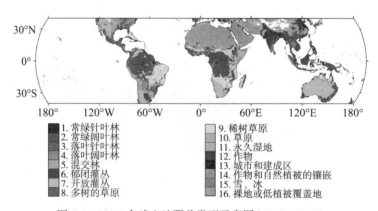

图 6-4　IGBP 全球土地覆盖类型示意图（40°S~40°N）

6.2　植被观测量推导及其相关性分析

6.2.1　CYGNSS 植被观测量推导

本章所使用的植被观测量为第 5 章式（5-10）中的系数 A 和截距特征 B。系数 A 主要取决于土壤性质，包括土壤的质地、粗糙度、盐度和入射角。根据式（5-9），截距特征 B 与单次散射反照率（w）和植被层的衰减率（L）相关。如（Camps 等，2016）所述，w 可以视为一个常数。因此，截距特征 B 与植被属性直接相关，具体取决于参数 L。根据公式（5-2），L 依赖于光学深度（τ），通常假设其与 VWC 成线性比例（Konings et al.，2016）：

$$\tau = b \cdot VWC \tag{6-2}$$

由式（6-2）可得，截距特征 B 直接与 VWC 相关。因此，在本章节，我们使用截距特征

B 对 VWC 进行反演。此外，根据式(5-8)可得，系数 A 虽然主要与土壤性质和入射角有关，但也与植被属性有关。因此，本章节进一步利用系数 A 一起来反演 VWC。此外，截距特征 B 也间接与 AGB 相关，因为 VWC 取决于 AGB 和相对含水量(RWC)(Konings et al.，2021)：

$$VWC = RWC \cdot AGB \tag{6-3}$$

为了进一步分析截距特征 B 分别与 VWC 和 AGB 的相关性，后文将利用实测数据进行相关分析。

6.2.2 GNSS-R 观测值与植被参数(VWC、AGB)的相关分析

如前文所述，理论上截距特征 B 比系数 A 更适合表征植被特性。截距特征 B 直接与 VWC 相关，并且间接与 AGB 相关。为了验证这一关系，本章节利用截距特征 B 分别与 VWC 和 AGB 的相关性进行了分析。其中，AGB 数据来自 LUCID(Land Use，Carbon & Emission Data，http：//lucid.wur.nl/datasets)。需要注意的是，由于 SMAP 提供的土壤湿度存在误差以及 VWC 的变化，根据公式(5-8)和式(5-9)计算出的系数和截距可能会随时间变化。为了评估其稳定性，对不同时期的截距特征 B 与 VWC 和 AGB 进行了相关分析，具体来说，每月和每半年进行一次分析。此外，为了评估截距特 B 的性能，我们还对传统观测值($\Gamma_{eff}(\theta)$)与 VWC 和 AGB 进行了相关性分析。

图 6-5 和图 6-6 分别为 2019 年 1—6 月系数 A 和截距特征 B 的全球分布情况。相关系数如表 6-1 所示。从图 6-2 和图 6-6 可以看出，系数 A 的全球分布与 VWC 的分布存在显著差异。相反，截距特征 B 的分布与图 6-2 中所示的参考 VWC 分布高度一致。这表明截距特征 B 能够更准确地反映 VWC 的空间分布特征。

根据表 6-1 所示的相关系数，系数 A 和截距特征 B 在不同区域的相关性有显著差异。通过对比图 6-2(参考 VWC 分布)和图 6-6(截距特征 B 分布)，可以明显看出，截距特征 B 的空间分布与参考 VWC 的分布高度一致。这表明截距特征 B 能够有效反映全球植被含水量的空间变化。

图 6-2 与图 6-6 的对比结果进一步揭示了系数 A 和 VWC 分布之间的差异。具体而言，系数 A 在全球范围内的分布模式与植被含水量的分布存在显著不同。尽管在某些特定区域，系数 A 可能与 VWC 表现出一定的相关性，但整体来看，其与 VWC 的空间分布并不一致。截距特征 B 与参考 VWC 分布的高度一致性，表明其作为反映 VWC 的指标具有较高的可靠性。这为利用截距特征 B 进行大范围、长时间尺度的植被含水量监测提供了有力支持。

从表 6-1 可以看出，系数 A 分别与 VWC 及 AGB 的相关系数较小，均小于 0.25。同时，$\Gamma_{eff}(\theta)$ 与 VWC、$\Gamma_{eff}(\theta)$ 与 AGB 的绝对相关系数均小于 0.33。但截距特征 B 与 VWC、B 与 AGB 的相关系数较大，均大于 0.6。此外，B 与 VWC 的相关系数高于 B 与 AGB 的相关系数。这些结果证实，与系数 A 和 $\Gamma_{eff}(\theta)$ 相比，截距特征 B 对 VWC 和 AGB

更为敏感。此外，在大多数子集中，1—6 月的相关系数小于 7—12 月的相关系数。这是因为在 2019 年 7 月之后，CYGNSS 数据的时间分辨率提高了 2 倍（=2Hz），导致每个像素的匹配数据量增加，回归效果更加稳定。因此，为了提高回归的稳定性，使用 2019 年 7 月至 12 月的数据提取系数 A 并截取特征 B。

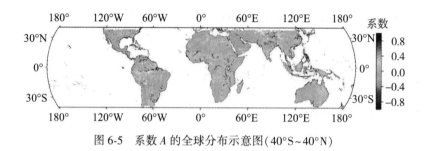

图 6-5　系数 A 的全球分布示意图（40°S~40°N）

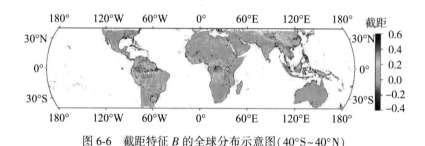

图 6-6　截距特征 B 的全球分布示意图（40°S~40°N）

表 6-1　**2019 年 GNSS-R 新观测值（系数 A 和截距特征 B）与植被参数（VWC、AGB）的相关系数**

月份	变量					
	A		B		$\Gamma_{eff}(\theta)$	
	VWC	AGB	VWC	AGB	VWC	AGB
1	0.104	0.113	0.619	0.355	−0.210	−0.094
2	0.086	0.065	0.618	0.397	−0.218	−0.094
3	0.040	0.159	0.642	0.388	−0.230	0.093
4	0.119	0.082	0.648	0.389	−0.230	−0.121
5	0.156	−0.028	0.631	0.342	−0.238	−0.158
6	0.144	0.028	0.640	0.270	−0.224	−0.170
7	0.131	−0.027	0.651	0.435	−0.191	−0.183
8	0.012	−0.064	0.662	0.497	−0.268	−0.261
9	0.088	0.021	0.684	0.523	−0.259	−0.252
10	0.024	−0.033	0.692	0.589	−0.285	−0.273
11	0.066	−0.031	0.690	0.548	−0.302	−0.275

月份	变　　量					
	A		B		$\Gamma_{\text{eff}}(\theta)$	
	VWC	AGB	VWC	AGB	VWC	AGB
12	0.069	−0.031	0.678	0.548	−0.323	−0.279
1—6	0.242	0.101	0.607	0.390	−0.223	−0.137
7—12	−0.029	−0.210	0.742	0.624	−0.317	−0.298

6.3　植被含水量反演模型

如上文所述,本章节主要利用辐射传输 $\tau\text{-}w$ 模型导出的系数 A 和截距特征 B 来反演 VWC。由于不同土地覆盖类型和地理位置(即纬度和经度)下的 VWC 值有所不同,因此,本次 VWC 反演还结合土地覆盖和地理位置信息来进行。基于这些输入特征,即系数 A、截距特征 B、土地覆盖和地理位置,本章提出了 5 个线性模型和 5 个人工神经网络模型。此外,为了减少随机误差的影响,我们使用了半年的数据进行回归分析。

6.3.1　线性模型

为了验证系数 A、截距特征 B、土地覆盖和地理位置对 VWC 反演的贡献量,本研究采用以下 5 种线性模型反演 VWC。

$$\text{VWC} = a \cdot B + b \tag{6-4}$$

$$\text{VWC} = a \cdot A + b \cdot B + c \tag{6-5}$$

$$\text{VWC} = a \cdot A + b \cdot B + c \cdot \text{Landcover} + d \tag{6-6}$$

$$\text{VWC} = a \cdot A + b \cdot B + c \cdot \text{lat} + d \cdot \text{lon} + e \tag{6-7}$$

$$\text{VWC} = a \cdot A + b \cdot B + c \cdot \text{Landcover} + d \cdot \text{lat} + e \cdot \text{lon} + f \tag{6-8}$$

式中,A 为系数 A;B 为截距特征 B;Landcover 是土地覆盖类型;lat 是纬度;lon 是经度;所有公式的最后一项都是待拟合的常数。需要注意的是,由于土地覆盖类型没有具体的数值,因此本研究采用了不同的土地覆盖数值,具体数值如图 6-4 所示。为了获得更稳定的模型和可靠的反演结果,将数据分为训练集、验证集和测试集。其中,训练集占总数据的 25%,验证集和测试集各占 10% 和 65%。

6.3.2　神经网络模型

理论上,输入特征与植被属性之间的关系是复杂的。由于人工神经网络可以学习输入特征与植被属性之间的复杂关系,因此本书采用了 BP 神经网络。与线性模型相似,建立了 5 种不同的人工神经网络模型,利用系数 A、截距特征 B、土地覆盖和地理位置等输入特征来反演 VWC。不同神经网络模型的输入特征如表 6-2 所示。

表 6-2 不同 ANN 模型输入参数

模　　型	输 入 参 数
模型 1	B
模型 2	B，A
模型 3	B，A，landcover
模型 4	B，A，lat，lon
模型 5	B，A，landcover，lat，lon

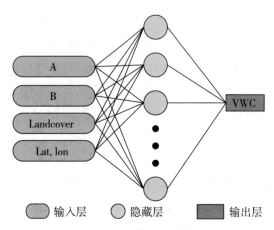

图 6-7　神经网络模型的体系结构和输入特征

　　如图 6-7 所示，在结构上，BP 神经网络通常由三层组成：输入层、隐藏层和输出层。每一层包含节点，相邻层的节点通过权值相互连接。但是，每一层中的节点都是独立运行的。BP 神经网络的前向传播原理公式如下：

$$y = \sigma(Wx + b) \tag{6-9}$$

$$\sigma(a) = \begin{cases} \dfrac{1}{1 + e^{-a}}, \ \text{sigmoid} \\[2mm] \dfrac{e^{a} - e^{-a}}{e^{a} + e^{-a}}, \ \text{tanh} \\[2mm] \max(a, 0), \ \text{RELU} \end{cases} \tag{6-10}$$

　　本研究采用双曲正切函数。经过测试，当隐藏层数为 1，隐藏层神经元数为 15 时，各模型的训练结果相对较好。此外，训练集占总数据的 25%，而验证集和测试集分别占 10% 和 65%。

6.4 植被含水量反演结果

本章节使用平均绝对误差(Mean Absolute Error，MAE)、平均相对绝对误差(Mean Relative Absolute Error，MRAE)、RMSE 和相关系数来评估线性模型和人工神经网络模型的反演性能。MAE 和 MRAE 由下面公式计算:

$$\mathrm{MAE} = \left| x_{\mathrm{true}} - x_{\mathrm{retrieval}} \right| / n \tag{6-11}$$

$$\mathrm{MRAE} = \mathrm{MAE} / \bar{x}_{\mathrm{true}} \tag{6-12}$$

式中, x_{true} 为参考 VWC 值; $x_{\mathrm{retrieval}}$ 为反演 VWC 值; n 为样本数量; $\bar{x}_{\mathrm{true}}$ 是参考 VWC 的平均值。通过上述反演模型及流程, 得到具体反演结果。表 6-3 总结了各线性模型和人工神经网络模型的 MAE、MRAE、RMSE、相关系数和样本数量。

表 6-3　　　　　　　　　　　　　不同反演模型的反演结果统计

模型	MAE	MRAE	RMSE	相关系数	样本数
线性模型 1/公式(6-4)	1.759	0.644	2.751	0.741	32304
神经网络模型 1	1.623	0.593	2.506	0.773	34225
线性模型 2/公式(6-5)	1.818	0.664	2.684	0.747	32304
神经网络模型 2	1.481	0.542	2.439	0.787	34225
线性模型 3/公式(6-6)	1.662	0.547	2.327	0.790	32304
神经网络模型 3	0.836	0.244	1.507	0.931	34225
线性模型 4/公式(6-7)	1.609	0.587	2.641	0.763	32304
神经网络模型 4	0.962	0.287	1.496	0.932	34225
线性模型 5/公式(6-8)	1.580	0.619	2.155	0.795	32304
神经网络模型 5	0.844	0.252	1.392	0.940	34225

由表 6-3 可知, 当线性模型 1 单独使用截距特征 B 时, VWC 反演结果的 MAE 为 1.759, MRAE 为 0.644, RMSE 为 2.751kg/m², 相关系数为 0.741。同样, 单独使用截距特征 B, 神经网络模型 1 反演 VWC 结果的 MAE 为 1.623, MRAE 为 0.593, RMSE 为 2.506kg/m², 相关系数为 0.773。加入其他特征后, VWC 反演结果的 MAE、MRAE 和 RMSE 降低, 相关系数增大。从表 6-3 的精度提升可以推断, 截距特征 B 对 VWC 反演结果的贡献最大, 其次是土地覆盖、地理位置, 最后是系数 A。与单独使用截距特征 B 相比, 加入系数 A、土地覆盖和地理位置后, 线性模型 5 的性能得到进一步提高, RMSE 降低了 21.66%, 相关系数提高了 7.28%。同时, 加入土地覆盖、地理位置和系数 A 后, 神经网络模型 5 的 RMSE 和相关系数分别降低了 44.45% 和 21.60%, 并且与线性模型相比, 神经

网络模型具有更好的反演效果。

为了进一步分析所提出模型的性能，为避免重复，这里仅展示了线性模型 5 和神经网络模型 5 的具体反演结果，如图 6-8 至图 6-14 所示。图 6-8 和图 6-9 显示了线性模型 5 和人工神经网络模型 5 反演得到的 VWC 值的全球分布。图 6-10 是 SMAP 提供的 VWC 参考值与线性模型 5 和人工神经网络模型 5 的 VWC 反演结果的散点图。图 6-11 至图 6-14 分别显示了线性模型 5 和人工神经网络模型 5 的 VWC 反演结果的绝对偏差和 MRAE。需要注意的是，在数据处理过程中剔除了水体超过 10% 的像素，导致部分地区的分辨率较低，如亚马孙地区。

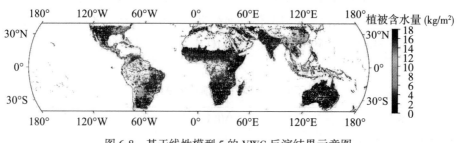

图 6-8　基于线性模型 5 的 VWC 反演结果示意图

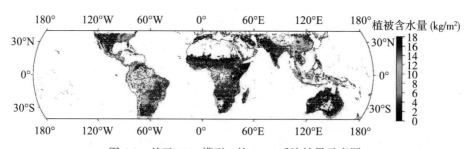

图 6-9　基于 ANN 模型 5 的 VWC 反演结果示意图

从图 6-8 和图 6-9 可以看出，基于线性模型 5 和神经网络模型 5 的 VWC 反演结果与参考的 VWC 全局分布吻合较好。图 6-10(a) 和 (b) 显示了基于这两个模型的 VWC 反演结果与参考 VWC 值在 1∶1 线附近的分布情况。然而，线性模型 5 在 2kg/m² 和 4kg/m² 之间的散点分布存在明显的夹角。相比之下，神经网络模型 5 中这一夹角消失了。这可能是因为人工神经网络模型更擅长学习输入特征之间复杂的非线性关系。综上所述，线性模型 5 和神经网络模型 5 在全球范围内表现良好，并且人工神经网络模型 5 的性能优于线性模型 5。

对于局部地区，需要进行更详细的讨论与分析。例如，从图 6-11 可以看出，在阿根廷北部、玻利维亚南部、巴拉圭西部、巴西北部、老挝北部、越南北部、缅甸北部和马来群岛，线性模型 5 的 VWC 检索结果存在绝对偏差值大于 4 的情况。尽管图 6-12 显示神经网络模型 5 在这些区域的绝对偏差值有所下降，但这些偏差值仍然较大。可以发现，这些区域大多是植被覆盖高、VWC 值高的地区。这个原因可能是，在这些地区，即使是小的误差也可能导致较大的绝对偏差。此外，这些地区的 GNSS-R 信号主要依赖于植被体积散射，这削弱了 GNSS-R 观测值与土壤湿度之间的回归关系。因此，MRAE 更适合用于评估这些地区模型的准确性。

如图 6-13 所示，线性模型 5 反演的 VWC 结果在一些局部地区的 MRAE 值大于 5，包括撒哈拉沙漠南部、澳大利亚中部、伊拉克、伊朗南部、巴基斯坦和阿富汗。这可能是因为线性模型无法准确反映观测值与 VWC 之间的关系。此外，从图 6-10(a) 可以看出，在 $2kg/m^2$ 和 $4kg/m^2$ 之间的散点分布存在明显的夹角，这表明观测值与 VWC 之间的关系是非线性的。尽管神经网络模型 5 总体上表现出更好的反演效果，但在一些低 VWC 区域，MRAE 值仍然大于 5，表现不佳(例如撒哈拉沙漠南部和中东部分地区)，如图 6-14 所示。这是因为这些地区大多是低 VWC 值的沙漠区域，与高 VWC 区域相比，这些区域的 VWC 微小变化会导致更大的 MRAE 值。

通过以上分析结果可以看出，截距特征 B 不仅提供了新的重要植被信息，而且基于截距特征 B 的人工神经网络模型在 VWC 反演中表现出较高的效果。然而，本研究的 VWC 反演分辨率为 36km，低于传统遥感方法。因此，提高星载 GNSS-R 反演 VWC 结果的空间分辨率是未来需要解决的一个重要问题。

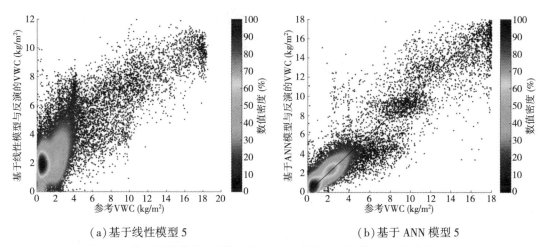

(a) 基于线性模型 5　　　　　　　　　　(b) 基于 ANN 模型 5

图 6-10　基于线性模型 5 反演和基于 ANN 模型 5 反演的 VWC 及参考 VWC

(黑线表示 VWC 检索和参考 VWC 之间的 1∶1 线)

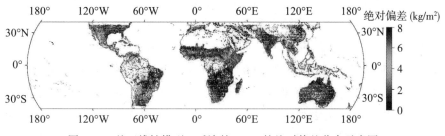

图 6-11　基于线性模型 5 反演的 VWC 的绝对偏差分布示意图

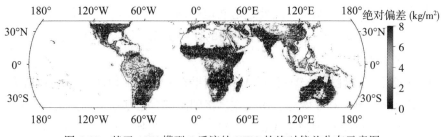

图 6-12　基于 ANN 模型 5 反演的 VWC 的绝对偏差分布示意图

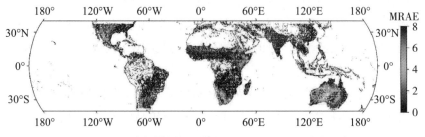

图 6-13　基于线性模型 5 反演的 VWC 的 MRAE 分布示意图

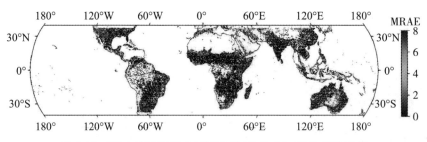

图 6-14　基于 ANN 模型 5 反演的 VWC 的 MRAE 分布示意图

6.5　本章小结

在本章中，继续利用第 5 章推导得到的星载 GNSS-R 新观测量，即斜率（系数 A）和截距（截距特征 B），来反演 VWC。本章进一步深入研究了截距特征 B 与植被参数的关系。通过理论推导和实测数据分析，发现截距特征 B 与 VWC 具有较高的相关性，最高相关系数为 0.742；与 AGB 的相关性次之，最高相关系数为 0.624。其次，利用系数 A、截距特征 B 及辅助参数反演 VWC。反演结果表明：单独使用截距特征 B 的线性模型 1 和神经网络模型 1 分别获得了 MAE 为 1.759 和 1.623，MRAE 为 0.644 和 0.593，RMSE 为 2.751kg/m^2 和 2.506kg/m^2，相关系数为 0.741 和 0.773。加入其他辅助参数后，反演结果的精度显著提升，尤其是线性模型 5 和神经网络模型 5，RMSE 分别降低了 21.66% 和 44.45%，相关系数提高了 7.28% 和 21.60%。总体来看，基于截距特征 B 的人工神经网络模型在 VWC 反演中表现出更高的效果，但在提高空间分辨率方面仍有待深入研究。

第7章 顾及方位角变化的星载 GNSS-R
土壤湿度反演方法

随着 GNSS 技术的发展，星载 GNSS-R 技术为获得高时空分辨率的土壤湿度信息提供了新的研究方向。然而，受地表多变环境的影响，在不同地表环境下，例如在植被覆盖的地表情况下，方位角的变化可能导致信号被不同密度和高度的植被阻挡或散射，从而改变反射信号的特征。因此，亟需在时空变化下降低方位角对土壤湿度反演效果的影响，从而实现高精度的全球土壤湿度反演。为降低方位角变化的影响，本书提出了利用 K-means 聚类算法对方位角进行聚类的星载 GNSS-R 土壤湿度反演方法。本章首先介绍了反演方法所用数据及其质量控制措施，其次，描述了反演原理和改进模型的构建，利用 SMAP 与实测国际土壤水分网络(International Soil Moisture Network，ISMN)土壤湿度对反演结果进行验证。最后，通过对比分析改进方法与传统方法在不同植被生长状态下的反演结果，从而证明了所提模型的有效性。

7.1 实验数据及数据质量控制

本研究所用到的数据包括 2020 年 CYGNSS 1 级(L1)3.0 版本数据、SMAP 三级(L3) v008 版本数据和 ISMN 实测站点数据。将 CYGNSS 数据和 SMAP 数据在 EASE 2.0 36× 36km 网格上进行匹配，以网格为单位进行土壤湿度反演，使用 ISMN 站点测站的实测土壤湿度数据对邻近格网内的 SM 反演结果进行时空匹配，以验证 SM 反演结果。

在本实验中，使用的 CYGNSS 变量包括镜面反射点的经纬度、镜面点到 CYGNSS 卫星和 GPS 卫星的距离、GPS 有效各向同性辐射功率、天线增益、DDM 模拟信号功率、入射角和方位角。SMAP 是 NASA 于 2015 年发射的地球观测卫星，轨道高度为 685km。实验中使用了 SMAP L3 v008 土壤湿度产品作为辅助参数，将其作为真值或参考值来辅助反演土壤湿度。所使用的变量包括地表粗糙度、植被不透明度、土壤表面温度和植被含水量。ISMN 是一个集中数据托管设施，为用户提供全球可用的、具有长时间序列的现场土壤湿度测量数据。由于 L 波段在土壤中的穿透能力有限，本次实验仅使用了地下 5cm 深度的土壤湿度数据。

在进行土壤湿度反演之前，需要对 CYGNSS 和 SMAP 数据进行质量控制。对于 CYGNSS 数据，首先剔除信噪比小于 2dB 或信噪比大于等于接收天线增益加 14dB 的观测值；其次，剔除入射角大于 65°的数据以减少 DDM 噪声；最后，根据数据提供的质量标志剔除精度较差的采样点。对于 SMAP 数据，为了减少误差，剔除低土壤湿度（SM<0.1cm³/cm³）和植被密集（VWC>18kg/m²）的数据。

7.2　地表反射率与方位角的关系

由于地表类型的多样性，地表反射率受到方位角的影响，尤其在植被覆盖度高的区域（Rohil et al.，2022；Shibayama et al.，1985；Suits，1971；Yueh et al.，2020）。图 7-1 显示了植被区域的 GNSS 信号散射模型。其中反射信号功率可由公式（3-1）计算（Liang et al.，2005）：

$$I_r(\theta_r + \varphi_r) = \frac{1}{r^2} L_m(\theta_r, \ \varphi_r; \ \theta_t, \ \varphi_t; \ \theta_k, \ \varphi_k) I_t(\theta_t, \ \varphi_t) \tag{7-1}$$

式中，I_t 为直接信号功率；I_r 为反射信号功率；L_m 为穆勒矩阵；θ_t 和 φ_t 分别为入射天顶角和方位角；θ_r 和 φ_r 分别表示反射的天顶角和方位角；$(\theta_k, \ \varphi_k)$ 是粒子的方向；r 为散射信号强度与粒子之间的距离。

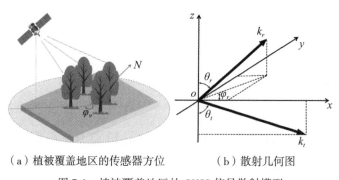

（a）植被覆盖地区的传感器方位　　　（b）散射几何图

图 7-1　植被覆盖地区的 GNSS 信号散射模型

由于方位角的变化，微波辐射可能被植被遮挡，从而引起多次信号反射和散射（Rohil et al.，2022；Shibayama et al.，1985；Suits，1971）。这会影响微波信号的稳定性和精度，进而影响土壤湿度反演的准确性。此外，全年植被生长的波动和植被冠层对地表反射率的影响也是需要考虑的重要因素（Li et al.，2019；Wu et al.，2023）。植被的季节性变化会导致地表反射率的变化，从而影响微波信号的传播路径和反射特性。因此，为了降低这些因素对土壤湿度反演结果的影响，将数据集按照植被覆盖情况分成两组进行聚类，如表 7-1 所示。第 1 组对应于植被繁茂的时期，通常是春夏季节，这时植被覆盖度高，信号衰减和多次散射效应较明显；第 2 组对应于植被稀疏的时期，通常是秋冬季节，这时植被覆盖度低，微波信号的传播相对较少受植被影响。

表 7-1   **2020 年两组数据信息**

组别	半球	年积日
1	北半球	106−289
	南半球	1−105，290−366
2	北半球	1−105，290−366
	南半球	106−289

7.3 反演模型及流程

本章根据格网中方位角参数的相似度，使用 K-means 算法将格网数据样本划分为不同的、不相交的类别。相似性样本通过欧几里得距离来判断，欧几里得距离的公式为（Hamerly et al.，2003；Likas et al.，2003）：

$$
\begin{aligned}
\mathrm{dis}(C) &= \sum_{j=1}^{k}\sum_{X\in C_j}\left|\mathrm{dis}(X_i,\ C_j)\right|^2 \\
&= \sum_{j=1}^{k}\sum_{i=1}^{n} d_{ki}\left|\sqrt{\sum_{t=1}^{d}(X_{it}-C_{ij})^2}\right|^2
\end{aligned}
\tag{7-2}
$$

式中，$d_{ki}=\begin{cases}1,& X_i\in C_j\\0,& X_i\notin C_j\end{cases}$；dis 为欧几里得距离；$k$ 是集群；n 表示数据样本 X 中对象的数量；d 表示每个对象的维数；C_j 表示集群中心。

同时，使用轮廓系数（Silhouette Coefficient，SC）（Guo et al.，2019；Jumadi Dehotman Sitompul et al.，2019；Lletí et al.，2004）作为聚类评价指标来确定每个网格上的最佳聚类类别数。轮廓系数的取值范围在−1 到 1 之间，值越接近 1，表示聚类效果越好。SC 的计算公式如下：

$$
\begin{aligned}
SC &= \max_{k}\left(\frac{1}{n}\sum_{i=1}^{n}s(X_i)\right) \\
&= \max_{k}\left(\frac{1}{n}\sum_{i=1}^{n}\frac{b(X_i)-a(X_i)}{\max\{a(X_i),\ b(X_i)\}}\right)
\end{aligned}
\tag{7-3}
$$

式中，$s(X_i)$ 表示单个数据点的轮廓值，取值范围为 $[-1,\ 1]$；$a(X_i)$ 是同一簇的内聚性；$b(X_i)$ 是不同簇之间的分离度，计算公式如下：

$$
a(X_i) = \frac{1}{|C_j|-1}\sum_{X_j\in C_j,\ j\neq i}\mathrm{dis}(X_i,\ X_j)
\tag{7-4}
$$

$$
b(X_i) = \min_{j\neq i}\frac{1}{|C_j|}\sum_{X_j\in C_j}\mathrm{dis}(X_i,\ X_j)
\tag{7-5}
$$

根据分级算法的性能,确定每个网格上的最优分类数。然后,进一步利用每个网格上每个类别的数据来反演土壤湿度。在方位角数据聚类结果的基础上,利用考虑地表粗糙度、土壤表面温度和植被覆盖度影响的土壤湿度反演方法 R-T-V(Zhu 等,2022) :

$$\text{SM}_{\text{CYGNSS}} = a * \Gamma^{coh}_{\text{CYGNSS}} + b * \text{ST} + c * \text{VWC} + d \tag{7-6}$$

式中,$\text{SM}_{\text{CYGNSS}}$ 为利用 R-T-V 模型进行反演得到的土壤湿度数据。ST 和 VWC 分别为 SMAP 产品提供的土壤表面温度和植被含水量。$\Gamma^{coh}_{\text{CYGNSS}}$ 为 CYGNSS 有效反射率,计算公式如下:

$$\Gamma^{coh}_{\text{CYGNSS}} = \frac{P_r (4\pi)^2 (R_{ts} + R_{rs})^2}{P_t G_t G_r \lambda^2} \tag{7-7}$$

式中,P_r 为模拟散射功率 DDM 的峰值;G_t 和 G_r 分别表示反射天线和接收天线的增益;$P_t G_t$ 表示 GPS 发射机在镜面反射点处的等效各向同性辐射功率;λ 为 GPS L1 波段信号的波长;R_{ts} 和 R_{rs} 分别表示 GPS 信号发射机和 CYGNSS 接收机到镜面反射点的距离。

本章研究提出了一种考虑方位角变化的星载 GNSS-R 同步信号检索改进方法。具体步骤如下:

(1)数据分类与聚类:首先,考虑全年植被生长期的变化,将匹配的 CYGNSS 和 SMAP 观测资料分成两组进行聚类。第 1 组和第 2 组分别对应植被繁茂期和稀疏期,具体划分方法如表 7-1 所示。然后,利用 K-means 算法减弱方位角对星载 GNSS-R 同步信号检索的影响。对于两组数据,在每组的每个网格上使用 K-means 算法划分不同的类别,类别数由聚类评估指标 SC 确定。

(2)土壤湿度反演:基于 R-T-V 模型(考虑地表粗糙度、土壤表面温度和植被含水量),在每个网格上对不同类别的数据分别进行土壤湿度反演。R-T-V 模型综合了 CYGNSS 有效反射率、SMAP 提供的土壤表面温度和植被含水量等参数,以提高反演精度。

(3)结果验证:利用 SMAP 和 ISMN 实测站点的土壤湿度值对反演结果进行验证,评估改进方法的效果和准确性。

7.4　结果与讨论

图 7-2 展示了用于评估 K-means 聚类算法有效性的指标 SC 的分布情况。结果表明,两组数据均显示出有效的聚类效果,其中大多数 SC 值大于 0.7。这表明簇内相似性较高,簇间差异性显著。

其次,使用 RMSE、相关系数(R)和偏差(BIAS)对改进模型的土壤湿度反演结果进行评估。改进方法的 RMSE、R 和 BIAS 的全球分布情况如图 7-3 所示。从图 7-3 中可以看出,在大多数地区,相关系数 R 值大于 0.7,均方根误差 RMSE 值小于 0.06cm³/cm³,偏差 BIAS 值小于 0.05。这些结果表明改进模型在土壤湿度反演中表现出了较高的精度和可靠性。

在 1 组和 2 组数据中,RMSE 和 BIAS 的空间分布表现出一致的趋势。然而,两组之间也存在一些显著差异。例如,在北半球,第 1 组的 R 值普遍高于第 2 组,这表明第 1 组的

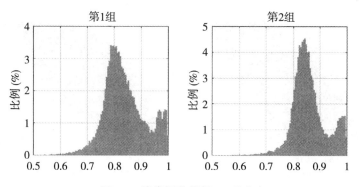

图 7-2 聚类评价指标 SC 的分布

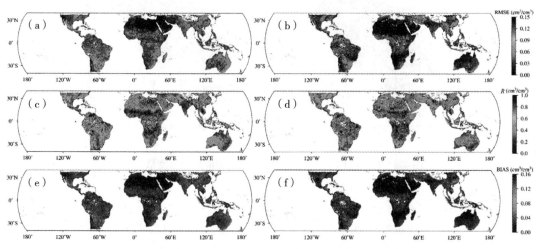

图 7-3 改进模型 RMSE、R 和 BIAS 的全球分布示意图

左侧列表示组 1，右侧列表示组 2

反演结果与实测数据的相关性更强。相反，在南半球，第 2 组的 RMSE 和 BIAS 均低于第 1 组，表示第 2 组的反演结果在误差和偏差方面表现更好。

此外，对应的土壤湿度反演结果的密度图如图 7-4 所示，相较于传统的 R-T-V 模型，聚类后的土壤湿度反演结果在两组数据中均显示出较高的集中度。特别是当土壤湿度低于 $0.2\text{cm}^3/\text{cm}^3$ 时，1∶1 参考线周围的数据密度较高，说明改进模型在低土壤湿度条件下能够提供更为准确的反演结果。

为了进一步研究改进模型在不同区域土壤湿度反演的性能，对比了方位角聚类前后土壤湿度反演的 RMSE 的偏差，对比结果如图 7-5 所示。其中，RMSE 的偏差（Diff RMSE）定义为

$$\text{Diff RMSE} = \text{RMSE}_a - \text{RMSE}_b \tag{7-8}$$

式中，RMSE_b 和 RMSE_a 分别为方位角聚类前后的 RMSE。

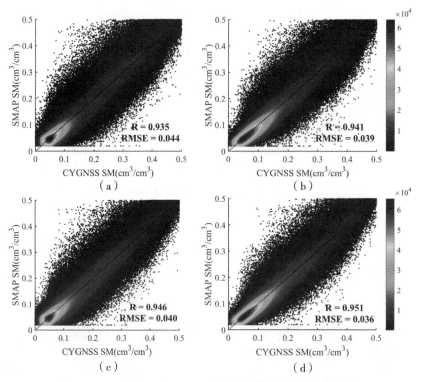

图 7-4　（a）~（b）、（c）~（d）分别为聚类前后的密度散点图

左侧列表示组 1、右侧列表示组 2

如图 7-5 所示，改进模型在全球范围内都表现出了良好的效果，特别是在图中方框①、方框②和方框③突出显示的区域。方框①②③分别代表刚果雨林、亚马孙雨林和撒哈拉沙漠。与撒哈拉沙漠相比，植被不透明度较高的刚果雨林和亚马孙雨林的土壤湿度反演结果表现更为优越。这表明，改进后的方法在植被不透明度较高的地区，尤其是以常绿阔叶林为主的热带地区，具有更好的反演性能。

此外，由于地表覆盖的变化和植被生长的波动，北半球和南半球的反演表现有所不同。在北半球，植被繁茂时期对应的第 1 组数据的改善效果明显优于第 2 组。这种改善效果特别集中在中美洲、印度、泰国、缅甸、越南和中国等地区，这些地区主要被农田、稀树草原和混交林覆盖。相反，在南半球，第 2 组数据表现出更明显的改善效果，相较于第 1 组，改进方法在这一区域的改善范围更广。这种现象反映了不同区域和不同植被生长阶段对方位角的复杂影响，同时也表明，在植被繁茂时期通过有效地聚类方位角能够显著提高土壤湿度反演的性能。

为了评估改进方法在不同地表覆盖下的性能，图 7-6 展示了四种地表覆盖的土壤湿度反演的时间序列。图 7-6（a）和图 7-6（c）分别代表了北半球和南半球的农田。方框内为提升效果较好的区域，其 RMSE 分别下降了 27% 和 37.3%，对应的是植被繁茂生长的时期。这表明，在植被繁茂的时期，改进方法的效果更为显著。如图 7-6（b）所示，稀树草原区域的提升效果全年都比较稳定。这个区域的植被覆盖度在 [0.264，0.456] 之间，全年变化较

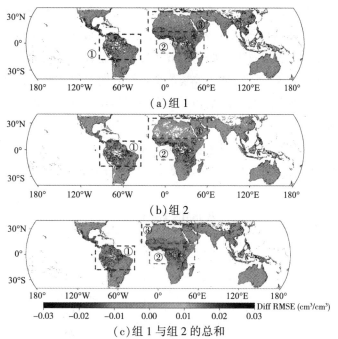

(a)组1

(b)组2

(c)组1与组2的总和

图7-5 聚类前后土壤湿度反演结果的 RMSE 偏差示意图,(a)、(b)、(c)分别为组1,组2和组1与组2的总和

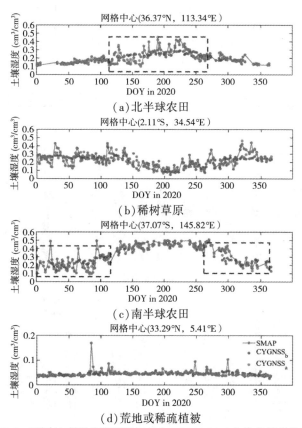

(a)北半球农田

(b)稀树草原

(c)南半球农田

(d)荒地或稀疏植被

图7-6 不同地表覆盖类型的 SMAP、CYGNSS$_b$(方位角聚类前)、CYGNSSa(方位角聚类后)的土壤湿度时间序列差异

小，因此改进方法在这里表现出一致的性能提升。相反，在植被不透明度较低的区域，如图 7-6(d)所示的秃地或稀疏植被区，改进方法的改善幅度较小。这表明，在这些区域，由于植被覆盖度低，改进方法的效果不如在植被密集区域显著。这一结果进一步说明，改进后的方法在植被密集的地区，特别是植被繁茂生长的时期表现更好。而在植被覆盖度较低或变化较小的区域，改进方法的效果则相对稳定但不如在高植被覆盖区域显著。

最后，使用 ISMN 实测站的土壤湿度值来评估改进方法的反演性能。表 7-2 列出了所用站点的信息，包括经纬度和站点的地表覆盖类型。使用 ISMN 实测站的土壤湿度值进行验证的结果如图 7-7 所示，改进方法的模型反演性能优于传统方法。

表 7-2　　　　　　　　　　　　　　　各 ISMN 站点信息

ID	站网	站点	纬度/经度	地物分类
1	ARM	Omega	35.88/-98.17	草地
2	OZNET	Yammacoona	-34.96/146.01	草地
3	SD_DEM	Demokeya	13.28/30.47	草地
4	SNOTEL	Chalender	35.26/-112.06	草地
5	SNOTEL	ROUGH-AND-TUMBLE	39.03/-106.08	草地
6	SNOTEL	BERRY-CREEK	39.32/-114.62	开阔灌木林
7	USCRN	Santa-Barbara-11-W	34.41/-119.87	热带草原
8	USCRN	Versailles-3_NNW	38.09/-84.74	农田
9	USCRN	Joplin-24-N	37.42/-94.58	农田
10	USCRN	Bedford-5-WNW	38.88/-86.57	农田
11	USCRN	Baker-5-W	39.01/-114.20	开阔灌木林
12	USCRN	Mercury-3-SSW	36.62/-116.02	开阔灌木林

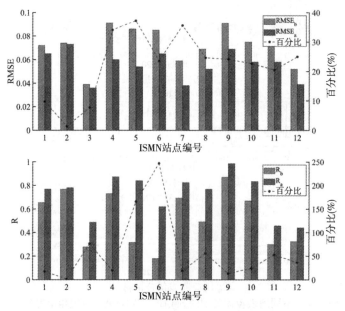

图 7-7　各 ISMN 站点方位角聚类前后误差统计

总体来看，ISMN 实测站的数据验证了改进方法在不同地表覆盖类型下的优越性能，特别是在一些特定站点上，改进效果更加明显。具体而言，RMSE 下降幅度最大的站点是 SNOTEL 网络中的 Chalender。通过方位角聚类，Chalender 站点的 RMSE 从 $0.086 \text{cm}^3/\text{cm}^3$ 降低到 $0.054 \text{cm}^3/\text{cm}^3$，下降了 37.20%。同时，相关系数 R 从 0.316 提高到 0.840。这表明，改进后的方法在方位角聚类后显著提升了土壤湿度反演的准确性和可靠性。

7.5　本章小结

为降低方位角变化的影响，本章提出了利用 K-means 聚类算法对方位角进行聚类的星载 GNSS-R 土壤湿度反演方法。首先，根据全年植被生长期的变化，将 CYGNSS 和 SMAP 观测资料分为植被繁茂期和稀疏期两组，并使用 K-means 算法在每组数据的每个网格上进行聚类，以减弱方位角对星载 GNSS-R 同步信号检索的影响，聚类类别数由轮廓系数(SC)确定。接着，基于 R-T-V 模型(考虑地表粗糙度、土壤表面温度和植被含水量)，在每个网格上对不同类别的数据分别进行土壤湿度反演，以提高反演精度。最后，利用 SMAP 和 ISMN 实测站点的土壤湿度值对反演结果进行验证，评估改进方法的效果和准确性。

反演结果表明：改进方法在全球范围内表现良好，尤其在植被不透明度较高的地区如刚果雨林和亚马孙雨林，反演效果更优。北半球和南半球的表现有所不同，北半球在植被繁茂期效果显著，南半球在稀疏期表现更好。不同地表覆盖下的性能评估显示，农田和稀树草原区域效果较佳，而植被稀疏区效果较小。使用 ISMN 实测站验证显示，改进方法在不同地表覆盖类型下表现优越，特别是在特定站点上，显著提高了土壤湿度反演的准确性和可靠性，如 Chalender 站点的 RMSE 下降了 37.20%，相关系数 R 从 0.316 提高到 0.840。

第8章　顾及地理差异的土壤湿度反演方法

随着 GNSS 技术的发展，星载 GNSS-R 技术为获取高时空分辨率的土壤湿度提供了新的研究方向。然而，由于复杂的地表，GNSS 反射率受土壤湿度、植被、地表粗糙度和土壤表面温度等因素的共同影响。因此，亟需在时空变化下对 GNSS-R 反射率进行植被和温度效应等的校正，实现高精度的全球土壤湿度反演。由于地理差异会带来土壤湿度、植被、地表粗糙度和土壤表面温度等因素的不同，从而影响土壤湿度反演的精度。因此，反演土壤湿度时需要顾及地理差异带来的影响。为减少地理差异的影响，提出了一种利用 CYGNSS 观测数据和 SMAP 产品数据来考虑地理差异的网格化土壤湿度反演方法。本章首先介绍了反演方法所用数据及质量控制措施。其次，描述了反演原理和改进模型的构建，利用 SMAP 与实测 ISMN 土壤湿度对反演结果进行验证。最后，分析了改进方法在不同地表类型下的反演结果，通过 R-T-V 方法对比。

8.1　实验数据及数据质量控制

本研究使用来自 2019 年 CYGNSS、SMAP 和 ISMN 的数据，将 CYGNSS 地表反射率和 SMAP 数据在 EASE2.0 36×36km 网格中临时放置，并对 CYGNSS 观测值进行重采样，使用 ISMN 测站最邻近格网内的土壤湿度反演结果，通过时空匹配与测站的实测土壤湿度数据进行实测验证。

实验使用到 CYGNSS 中的变量包含镜面反射点经纬度、镜面点到 CYGNSS 航天器和 GPS 卫星的距离、GPS 有效各向同性辐射功率、天线增益、DDM 模拟信号功率以及入射角。SMAP 是 NASA 于 2015 年发射的地球观测卫星，轨道高度为 685km。实验使用 SMAP L3 v008 SM 产品中的地表粗糙度、植被不透明度、土壤表面温度和植被含水量作为辅助参量，将 SMAP 提供的土壤湿度数据作为真值或参考值。ISMN 作为一个集中数据托管设施，可向用户提供全球可用的、拥有长时间序列的现场土壤湿度测量数据。其测站提供了多种不同深度的土壤湿度数据，但由于 L 波段在土壤中的穿透能力有限，因此本次实验仅使用了地下 5cm 深度的数据。

GNSS 信号在经地表反射时容易受到非相干分量的影响，董州楠等（Dong 等，2022）研究发现，89.6% 的 CYGNSS 陆地观测以相干分量为主，且非相干分量对 CYGNSS 地表反射率的影响较小。于是假设 GNSS 反射信号以相干分量为主，此时地表反射率 $\Gamma_{\text{CYGNSS}}^{coh}$ 可由如

下公式计算:

$$\Gamma_{\text{CYGNSS}}^{coh} = \frac{P_r(4\pi)^2\,(R_{ts}+R_{rs})^2}{P_tG_tG_r\lambda^2} \tag{8-1}$$

式中,$\Gamma_{\text{CYGNSS}}^{coh}$ 为需要计算的地表反射率;P_r 为模拟散射功率 DDM 的峰值;G_t 和 G_r 分别表示反射天线和接收天线的增益;P_tG_t 表示 GPS 发射机在镜面反射点处的等效各向同性辐射功率;λ 为 GPS L1 波段信号的波长;R_{ts} 和 R_{rs} 分别表示 GPS 信号发射机和 CYGNSS 接收机到镜面反射点的距离。

由于以上数据中包含受其他因素严重干扰的异常数据,因此,在进行土壤湿度反演前,需要对数据进行质量控制。对于 CYGNSS 数据,剔除入射角大于 65° 的数据,以减少 DDM 噪声;根据数据提供的质量标志,剔除精度差的采样点。对于 SMAP 数据,剔除土壤湿度值小于 0.1cm³/cm³ 的数据,以减小在低土壤湿度值中可能造成的反演误差,VWC 大于 18kg/m² 的数据也被消除。由于水体反射对土壤湿度反演影响较大,因此,如果以镜面反射点为中心的网格中被永久性或季节性水覆盖大于 10% 以上,则去除该网格的所有数据。

8.2 反演模型及流程

本研究利用 SMAP 提供的辅助参数,包括地表粗糙度(Surface Roughness,SR)、土壤表面温度(Soil Surface Temperature,ST)、植被含水量(VWC)和植被光学深度(Vegetation Optical Depth,VOD),对星载 GNSS-R 土壤湿度反演中的 CYGNSS 有效反射率进行校正。为了避免因考虑地域差异而引入冗余的辅助参数,采用数理统计方法将辅助参数成对组合,在网格中找到最合适的辅助参数和最优模型。图 8-1 展示了本章节土壤湿度反演的具体流程,主要包括以下几个步骤:

(1)数据预处理:这一阶段包括收集和整理原始数据,如星载 GNSS-R 数据、SMAP 数据以及辅助数据的时空匹配和数据质量控制,以确保数据的质量和一致性。

(2)模型构建:对数据进行质量控制后,将 SMAP 辅助参数两两组合,结合 CYGNSS 有效反射率,建立了由五组三元线性模型组成的改进模型。如表 8-1 所示,除了传统的两个模型(R-S-V 和 R-T-V)外,额外建立了三个模型(R-S-T、R-S-W 和 R-T-W)来反演土壤湿度,其中每个模型中的 R 代表 CYGNSS 有效反射率($\Gamma_{\text{CYGNSS}}^{coh}$)。在网格中同时拟合 5 个线性模型,每个线性模型对应的回归系数不同。相同模型的回归系数在每个网格中也不同。

最后,在每个格网中,使用 RMSE、相关系数 R 和决定系数(Coefficient of Determination,R^2)来评估各模型的性能。这些精度指标是由每个线性模型的验证集得到。由于不同模型的 RMSE、R 和 R^2 不同,很难判断每个网格中的最优模型。因此,建立了一个绩效指标来判断每个格网中的最优模型,表示为

$$I = ((\text{RMSE}) + (1-R) + (1-R^2)) \tag{8-2}$$

式中，其中 I 为绩效指标；RMSE、R 和 R^2 分别为均方根误差、相关系数和决定系数。当 I 值越小，其相对应的模型最优。

（3）土壤湿度反演结果验证：为了对改进方法的效果和准确性进行评估，我们利用了 SMAP 和 ISMN 实测站点的土壤湿度值对反演结果进行验证。由于地表的复杂性，包括植被覆盖、水体分布、土壤类型及其湿度等多种因素的影响，星载 GNSS-R 技术在土壤湿度反演中的表现难以精确定义（Camps et al., 2018）。因此，通过分析不同地区的反演效果，旨在更全面地理差异因素对反演结果的影响，并进一步改进反演方法的应用准确性和可靠性。在这，利用图 6-4 给的 IGBP 的全球土地覆盖类型进行分析对比。

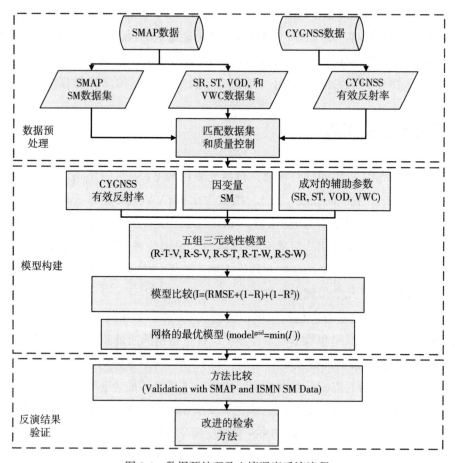

图 8-1　数据预处理及土壤湿度反演流程

表 8-1　　建立的 5 组模型以及相应的公式，每个线性模型中的 S、T、V、W

分别代表 SR、ST、VOD、VWC 的辅助参数

模型顺序	模型名称	表达式
Model 1	R-T-V	$SM = a1 * \Gamma_{CYGNSS}^{coh} + b1 * ST + c1 * VOD + d1$

续表

模型顺序	模型名称	表达式
Model 2	R-S-V	$SM = a2 * \Gamma_{CYGNSS}^{coh} + b2 * SR + c2 * VOD + d2$
Model 3	R-S-T	$SM = a3 * \Gamma_{CYGNSS}^{coh} + b3 * SR + c3 * ST + d3$
Model 4	R-T-W	$SM = a4 * \Gamma_{CYGNSS}^{coh} + b4 * ST + c4 * VWC + d4$
Model 5	R-S-W	$SM = a5 * \Gamma_{CYGNSS}^{coh} + b5 * SR + c5 * VWC + d5$

8.3 地理差异分析

由于地表环境复杂多变，利用不同土地覆盖类别下 CYGNSS 有效反射率与各影响因素之间的相关系数的平均值来表现其与影响因素之间的敏感性。考虑到反射率与其他影响因子之间存在正、负相关关系，故采用网格内相关系数的绝对值。图 8-2 显示了不同土地覆盖类别 CYGNSS 有效反射率与各影响因素之间的敏感性。结果表明，各因素对反射率的影响在不同土地覆盖类别下表现不同，且除地表粗糙度外，其余影响因素与 CYGNSS 有效反射率的相关性高于其他影响因素。

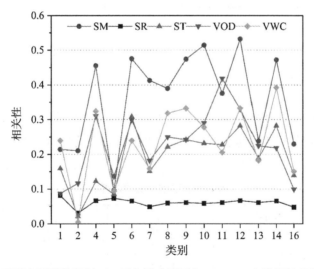

图 8-2 不同土地覆盖类别（ID）下各影响因子与 CYGNSS 有效反射率的相关性

（SM、SR、ST、VOD 以及 VWC 分别表示土壤湿度、地表粗糙度、土壤表面温度、植被光学厚度和植被含水量）

由于世界范围内网格数量众多，因此特征区域（中国东南丘陵、撒哈拉沙漠、大自流盆地、喜马拉雅山脉、刚果盆地和德干高原）内的网格数据用于进一步的分析。如表 8-2 所示，结果表明，在所有土地覆盖类别中，ST、VOD 和 VWC 的相关系数平均值都高于

SR。在喜马拉雅和德干高原可以观察到 VWC 和 CYGNSS 有效反射率之间有较高的相关性。此外，平均相关系数高于撒哈拉沙漠地区。此外，VWC 和 VOD 的敏感性也存在差异。撒哈拉沙漠 VOD 的相关系数平均值为 0.101，而 VWC 的相关系数平均值仅为 0.018。

表 8-2　特征区域内 CYGNSS 有效反射率与各影响因素(SM、SR、ST、VOD、VWC)
的网格匹配数及相关系数平均值

特征区域	纬度/ 经度范围	SM (cm³/cm³)	SR ——	ST (K)	VOD ——	VWC (kg/m²)	网格 匹配数
中国东南丘陵	23.5°N~30°N /106°E~120°E	0.359	0.057	0.136	0.306	0.143	157
撒哈拉沙漠	18°N~37°N /0°E~30°E	0.177	0.046	0.155	0.101	0.018	3613
大自流盆地	23.5°S~30°S /132°E~145°E	0.453	0.045	0.185	0.151	0.169	1062
喜马拉雅山脉	26.5°N~30°N /85°E~93°E	0.186	0.046	0.110	0.202	0.514	24
刚果盆地	6°S~3°N /15°E~28°E	0.219	0.057	0.147	0.220	0.186	139
德干高原	10°N~20°N /74°E~84°E	0.617	0.079	0.465	0.234	0.514	501

8.4　结果与讨论

本章节利用 SMAP 和 ISMN 中的土壤湿度对所提方法的土壤湿度反演性能进行了评价。以 SMAP 的土壤湿度值作为参考，5 组模型以及改进方法的反演结果的精度如表 8-3 所示。

表 8-3　　　　　　　　　　　5 组模型及改进方法的误差统计

模型	RMSE	R	R^2	MAE
R-T-V	0.044	0.908	0.825	0.028
R-S-V	0.048	0.893	0.797	0.031
R-S-T	0.046	0.902	0.814	0.031
R-T-W	0.045	0.907	0.822	0.030
R-S-W	0.048	0.896	0.803	0.033
改进方法	0.040	0.923	0.852	0.026

以 5 种线性模型中土壤湿度反演效果最好的 R-T-V 模型作为参考，改进方法在反演土壤湿度方面表现出显著优势。具体而言，改进方法的 RMSE 和 MAE 分别降低了 9.1% 和 7.1%，而 R 和 R^2 分别提高了 1.6% 和 3.2%。全球网格化反演结果的 RMSE 和 R 的分布如图 8-3 和图 8-4 所示，展示了不同地区反演结果的显著差异。从图中可以观察到，大部分陆地上的 R 值大于 0.6，而在地表波动小、植被稀疏的区域，R 值甚至大于 0.8。这表明在这些区域，改进方法能够更准确地反演土壤湿度。此外，在大部分地区，反演结果的 RMSE 均小于 $0.06\,\mathrm{cm^3/cm^3}$，尤其是在非洲等地观测到的 RMSE 值更低，显示出改进方法在这些区域具有较高的精度。值得注意的是，尽管印度半岛的 R 值大于 0.8，但 RMSE 相对较高。这可能是由于该地区复杂的地表环境和植被覆盖，使得土壤湿度反演的精度受到影响。同样，在澳大利亚中部，反演结果优于东部被水和植被包围的地区，后者的相关值较低。这进一步表明地表水与植被的耦合效应可能会降低土壤湿度反演的精度。

具体分析各地区的结果可以发现：

非洲：大部分地区的 RMSE 较低，显示出改进方法在热带和亚热带气候区的良好适应性。非洲的干旱和半干旱区域植被稀疏，地表条件较为简单，有助于提高反演精度。

印度半岛：尽管 R 值较高，但 RMSE 较大，这可能是由于该地区季风气候引起的土壤湿度变化剧烈，以及植被和地形复杂所致。

澳大利亚：中部干旱地区反演结果优于东部湿润和植被丰富的地区。这可能是由于植被和地表水体对 CYGNSS 信号的反射和吸收效应，干扰了反演过程。

北美洲和欧洲：这些地区的 R 值和 RMSE 总体表现良好，说明改进方法在温带和寒带气候区的表现较为稳定。这些地区的农业用地和草地分布广泛，植被和土壤湿度的季节变化较为规律，便于反演模型的应用。

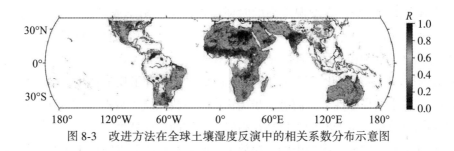

图 8-3 改进方法在全球土壤湿度反演中的相关系数分布示意图

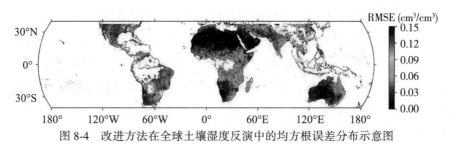

图 8-4 改进方法在全球土壤湿度反演中的均方根误差分布示意图

从图 8-5 可以看出，土壤湿度反演的散点大多沿对角线分布，相关系数 R 为 0.923，RMSE 为 0.040cm³/cm³。这表明整体拟合效果较好，反演结果与实测值之间有较高的一致性。当均方根误差小于 0.15cm³/cm³ 时，拟合效果尤为显著，说明改进方法在大部分情况下能够准确反映实际土壤湿度。然而，结果也表明，CYGNSS 倾向于低估 SMAP 的土壤湿度值，特别是在土壤湿度值较高的地区。这一现象可能与以下几个因素有关：

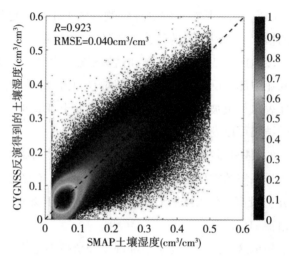

图 8-5　改进方法的反演结果（R、RMSE）以及密度散点图

(1)植被覆盖和地表条件：在土壤湿度较高的地区，通常伴随着植被覆盖较为密集和土壤含水量高的情况。植被层会对 CYGNSS 信号产生较大的吸收和散射效应，导致反演结果偏低。此外，湿润的地表条件会增强信号的衰减，进一步影响反演精度。

(2)季节变化的影响：土壤湿度高的时期通常发生在雨季或潮湿季节。在这些时期，地表水体增加，土壤含水量显著上升，而 CYGNSS 信号在这些条件下的反演精度较低。季节性变化对信号反射和传播的影响需要在反演模型中进一步考虑。

(3)数据处理和模型优化：尽管改进方法在整体上提升了反演精度，但在处理高湿度数据时仍存在一定的局限性。因而进一步优化模型参数和改进数据处理方法，如引入更复杂的地表和植被模型，可能有助于提高在高湿度区域的反演精度。

为了具体分析不同地表类型中的反演效果，图 8-6 统计了不同地表类型下反演得到的 R 和 RMSE。请注意，由于土地地表类型第 3 类和第 15 类没有数据，因此没有对它们进行比较。从图 8-6 可以看出，在地表类型第 16 类(瘠薄或植被稀疏地区)，改进方法的 RMSE 最低，为 0.024cm³/cm³，表明在这些地表条件下，模型能够实现高度准确的土壤湿度反演。其原因可能是，在这些区域，地表特征相对简单，信号干扰较少，改进后的方法能够有效减少误差，从而提供更准确的土壤湿度估算。其次，从其他地表类型反演结果来看，改进方法不仅在地表波动小或植被稀疏的区域保持了良好的土壤湿度反演效果，而且在地表波动大或植被密集的区域也提高了模型反演性能。这说明该方法在各种地表条件下均表现出较高的鲁棒性和准确性。

以 ISMN 的土壤湿度值作为参考，使用 ISMN 内 5 个网络（ARM、OZNET、SCAN、TxSON 和 USCRN）的 16 个站点进行实测验证。如 8-5 所示，植被区域的改善程度不同，平均 R 和 RMSE 值分别提高了 22.7% 和 8.7%。其中 5 个站点（Watkinsville_#1、WTARS、Asheville_8_SSW、Asheville_13_S 和 Batesville_8_WNW）的 RMSE 下降幅度均大于 8.7%，其中 Watkinsville_#1 站点的 RMSE 下降幅度最大，达 25%。

综合以上结果可得，改进后的方法在无需冗余的辅助数据下，在全局和局部区域均能获得较好的土壤湿度反演结果，同时可以降低地理差异所带来的反演误差。

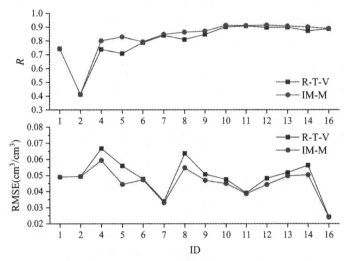

图 8-6 反演结果在不同土地覆盖类别（ID）的 R 和 RMSE 分布图
（IM-M 和 R-T-V 分别是改进方法和 R-T-V 模型）

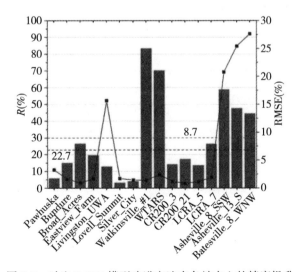

图 8-7 对比 R-T-V 模型改进方法在各站点上的精度提升

8.5　本章小结

为减少地理差异的影响，本章提出了一种利用 CYGNSS 观测数据和 SMAP 产品数据来考虑地理差异的网格化土壤湿度反演方法。首先，收集和整理了星载 GNSS-R 数据、SMAP 数据及辅助数据，并进行了时空匹配及数据质量控制。然后，对数据进行质量控制后，将 SMAP 辅助参数两两组合，结合 CYGNSS 有效反射率，建立了由五组三元线性模型组成的改进模型，用于反演土壤湿度。每个模型在网格中同时拟合，并且每个模型的回归系数在不同网格中不同。为了确定最优模型，建立了绩效指标。在土壤湿度反演结果验证阶段，利用 SMAP 和 ISMN 实测站点的土壤湿度值对反演结果进行评估，并分析不同地区的反演效果，以提高方法的准确性和可靠性。

反演结果表明：改进方法在土壤湿度反演方面表现出显著优势，特别是相较于 R-T-V 模型，RMSE 和 MAE 分别降低了 9.1% 和 7.1%，而 R 和 R^2 分别提高了 1.6% 和 3.2%。全球网格化反演结果显示，大部分陆地上的 R 值大于 0.6，在地表波动小、植被稀疏的区域，R 值甚至大于 0.8，表明改进方法在这些区域能够更准确地反演土壤湿度。不同地区的分析显示，非洲大部分地区的 RMSE 较低，印度半岛尽管 R 值较高但 RMSE 较大，澳大利亚中部干旱地区反演结果优于东部湿润和植被丰富的地区。总体来看，改进方法在温带和寒带气候区的表现稳定，全球范围内反演结果与实测值有较高的一致性，特别是在非洲、北美和欧洲等地区表现优异。然而，CYGNSS 在土壤湿度较高的地区有低估现象，可能与植被覆盖和地表条件、季节变化的影响以及数据处理和模型优化有关。在不同地表类型下，贫瘠或植被稀疏地区的反演效果最好，显示出较高的准确性和鲁棒性。综上所述，改进方法在无需冗余辅助数据的情况下，在全球和局部区域均能获得较好的土壤湿度反演结果，降低地理差异带来的反演误差。

第9章 季节效应下的土壤湿度反演方法

季节变化对星载 GNSS-R 反射率有一定的影响，从而间接影响到土壤湿度的反演精度和可靠性。具体来说，季节变化带来的气候、植被和土地覆盖的变化会直接影响地表反射率。例如：

(1)在气候变化方面：冬季的积雪覆盖会增加地表的反射率，而夏季的裸露土壤和植被则会减少反射率。降水量的季节性变化也会改变土壤的湿度，从而影响反射信号。

(2)在植被覆盖方面：春季和夏季的植被生长会增加地表的绿色覆盖，改变反射信号的特征。秋季和冬季的植被枯萎和凋零会使地表反射率恢复到接近裸露土壤的水平。

(3)在土地利用变化方面：农作物的种植和收获周期会导致地表反射率的周期性变化。例如，农田在种植期和收获期的反射率不同。这些因素综合起来，导致在不同季节进行星载 GNSS-R 反演时，地表反射率的数据可能存在显著差异。这种差异对土壤湿度的反演带来了挑战，因为土壤湿度的准确反演依赖于地表反射率的精确估计。如果地表反射率因为季节变化而不准确，那么土壤湿度的反演结果也会受到影响，可能导致误差增加和准确性降低。因此，利用星载 GNSS-R 反演土壤湿度时，必须考虑季节变化的影响，以提升反演的准确性。

9.1 实验数据及数据质量控制

本实验所用的数据包括 2020 年 CYGNSS 一级（L1）3.0 版本数据、SMAP 三级（L3）v008 版本数据以及 ISMN 实测站点数据。CYGNSS 数据涵盖了镜面反射点的经纬度，镜面反射点到 CYGNSS 航天器和 GPS 卫星的距离，GPS 有效各向同性辐射功率，天线增益，延迟多普勒图模拟功率和入射角。SMAP 产品数据包括土壤湿度、植被含水量和土壤表面温度。使用的 ISMN 数据为地下 5cm 深度的土壤湿度数据。

首先需要对数据进行质量筛选。对于 CYGNSS 数据，采用 DDM 质量标识符提取陆地观测数据，并通过质量标志进行质量控制。具体来说，会剔除信噪比小于 2dB 或信噪比大于等于接收天线增益加 14dB 的观测值，排除 7~10 个延迟盒之外的 DDM 峰值观测，以及入射角大于 65°的数据以减少 DDM 噪声影响。对于 SMAP 数据，为了减少误差，我们剔除了低 SM（SM<0.1cm^3/cm^3）的数据，同时也剔除了植被密集（VWC>18kg/m^2）的数据。

在本研究中，CYGNSS 观测数据和 SMAP 产品数据配置在覆盖 2020 年全年的 EASE

2. 0 36×36km 网格中，并与传统的 R-T-V 模型进行对比，以验证 SMAP 和 ISMN 的反演结果。图 9-1 中显示了每个网格的有效匹配数。

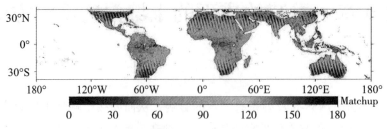

图 9-1 全球所有网格的有效匹配数分布示意图

（matchup 表示有效的匹配数）

9.2 环境因子影响分析

根据介电常数模型（Dobson et al., 1985）和菲涅耳反射方程（Savi et al., 2019），土壤湿度和反射率之间存在非线性关系。然而，由于大部分地表的年土壤湿度变化范围有限，本次实验使用传统的线性回归方法进行土壤湿度反演。利用 CYGNSS 有效反射率进行土壤湿度反演的方法已被验证（Chew et al., 2018；Rohil et al., 2022），因此本研究中不再重复探讨土壤湿度与反射率的关系。由于 GNSS 信号容易受到植被和温度的影响，本研究分别使用 Mironov 模型和 SCoBi 模型来模拟土壤表面温度和植被对反射率的影响。

在处理 SMAP 和土壤湿度和海洋盐度卫星（Soil Moisture and Ocean Salinity，SMOS）数据时，选择了 Mironov 模型，因为该模型在广泛的土壤质地类型中表现优越。利用 SCoBi 模型分析植被对反射率的影响。由于这两个模型都已广泛验证，因此在本研究中使用它们来模拟地表温度和植被对反射率的影响。Mironov 模型的表达式如下：

$$\varepsilon_s = n_s^2 - k_s^2 \tag{9-1}$$

$$n_s = \begin{cases} n_d + (n_b - 1)W, & W \leqslant W_t \\ n_d + (n_b - 1)W_t + (n_u - 1)(W - W_t), & W > W_t \end{cases} \tag{9-2}$$

$$k_s = \begin{cases} k_d + k_bW, & W \leqslant W_t \\ k_d + k_bW_t + k_u(W - W_t), & W > W_t \end{cases} \tag{9-3}$$

式中，n 和 k 分别为折射率和归一化衰减系数；s、d、b 和 u 分别代表湿润土壤、干燥土壤、束缚土壤水和自由土壤水；ε_s 为湿土条件下土壤复介电常数的实部；W 和 W_t 是土壤湿度，是土壤中最大束缚水分数的值。

为了建立与反射率的联系，使用如下菲涅耳反射率公式计算地表反射率：

$$R^L = \frac{1}{2}(R^V - R^H) \tag{9-4}$$

$$R^V = \frac{\varepsilon_s \cos\theta - \sqrt{\varepsilon_s - \sin^2\theta}}{\varepsilon_s \sin\theta + \sqrt{\varepsilon_s - \sin^2\theta}} \qquad (9\text{-}5)$$

$$R^H = \frac{\cos\theta - \sqrt{\varepsilon_s - \sin^2\theta}}{\cos\theta + \sqrt{\varepsilon_s - \sin^2\theta}} \qquad (9\text{-}6)$$

式中,R^L、R^V 和 R^H 分别为左旋圆偏振、垂直偏振和水平偏振下的菲涅耳反射率;ε_s 是土壤复介电常数的实部;θ 为卫星入射角。

在模拟过程中,黏土含量设置为 30%,入射角为 40°。图 9-2(a) 显示了土壤表面温度与菲涅耳反射率之间微弱的负相关关系。在土壤湿度为 $0.3\text{cm}^3/\text{cm}^3$ 时,菲涅耳反射率对土壤表面温度的敏感性为 $-0.05\text{dB}/10℃$。这表明温度升高会略微降低反射率,但变化幅度较小。

在 Mironov 模型模拟结果的基础上,利用 SCoBi 模型中的 forest 模块模拟植被对反射率的影响。为了进行准确的模拟,需要修改一些默认设置。发射频率被调整为 1575.42MHz,发射机到地球中心的距离重置为 26578km。土壤介电常数模型选择了 Mironov 模型,并将接收天线方向图改为右旋圆极化。均方根高度(Root Mean Square Height,RMSH)设为 5cm,以更好地反映实际地形条件。

从图 9-2(b) 中可以看出,在左旋和右旋圆偏振模式下,植被对反射率的影响不同。在左旋圆偏振下,植被环境的菲涅耳反射率比裸地环境的菲涅耳反射率低约 10dB;而在右旋圆偏振下,植被对反射率的影响较小。具体而言,在裸土环境中,菲涅耳反射率随土壤湿度的增加而降低;然而,在植被环境中,反射率保持相对稳定。这表明,植被对左旋圆极化天线接收到的反射率有显著影响,而对右旋圆极化天线的影响较小。

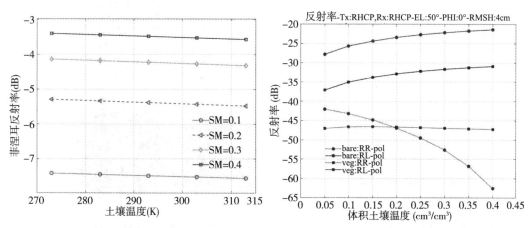

(a)不同土壤湿度下土壤表面温度对反射率的影响　　(b)不同土壤湿度下植被对反射率的影响

图 9-2　不同土壤湿度下土壤表面温度和植被对反射率的影响

9.3　反演模型及流程

为了减少季节变化对 CYGNSS 有效反射率和土壤湿度反演的影响,参考了朱逸凡等 (Zhu et al.,2022)提出的考虑土壤表面温度影响的土壤湿度反演方法。具体的 R-T-V 线性回归方法如下:

$$\mathrm{SM}_{\mathrm{fit}} = a * \Gamma_{\mathrm{CYGNSS}}^{coh} + b * \mathrm{ST} + c * \mathrm{VWC} + d \tag{9-7}$$

式中,$\mathrm{SM}_{\mathrm{fit}}$ 为传统 R-T-V 模型使用的算法。ST 和 VWC 分别为 SMAP 产品提供的土壤表面温度和植被含水量。$\Gamma_{\mathrm{CYGNSS}}^{coh}$ 为 CYGNSS 有效反射率,计算公式如下:

$$\Gamma_{\mathrm{CYGNSS}}^{coh} = \frac{P_r(4\pi)^2(R_{ts}+R_{rt})^2}{P_t G_t G_r \lambda^2} \tag{9-8}$$

式中,P_r 为模拟散射功率 DDM 的峰值;G_t 和 G_r 分别表示反射天线和接收天线的增益;$P_t G_t$ 表示 GPS 发射机在镜面反射点处的等效各向同性辐射功率;λ 为 GPS L1 波段信号的波长;R_{ts} 和 R_{rt} 分别表示 GPS 信号发射机和 CYGNSS 接收机到镜面反射点的距离。

图 9-3 展示了数据处理和检索算法的流程图。首先,对 CYGNSS 观测数据和 SMAP 数据进行质量控制,并在 EASE 2.0 36×36km 网格中进行时空匹配。随后,在传统 R-T-V 模型的基础上,将网格中的时间序列数据进一步划分为春、夏、秋、冬四部分。具体划分方

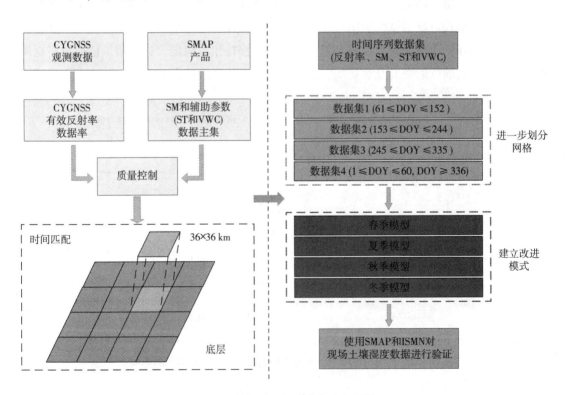

图 9-3　数据处理与改进方法流程图

法如表 9-1 所示，北半球和南半球的划分依据不同的季节。

　　接下来，基于传统 R-T-V 模型，建立由 4 个季节模型组成的改进模型。该模型考虑了不同季节的变化，以提高土壤湿度反演的准确性。为了验证改进模型的效果，使用 SMAP 和 ISMN 实测站点的土壤湿度值进行了验证。通过比较改进模型和传统 R-T-V 模型的土壤湿度反演结果，评估了改进模型的性能和准确性。评估的指标有：R，R^2，RMSE 和无偏均方根误差（Unbiased Root Mean Square Error，ubRMSE）。其中 ubRMSE 由下式计算：

$$
\text{ubRMSE} = \sqrt{\dfrac{\sum_{i=1}^{n} \{ (x_i - \bar{x}) - (y_i - \bar{y}) \}^2}{n}}
\tag{9-9}
$$

式中，x_i 为土壤湿度估计值；$\bar{x}$ 为土壤湿度估计值的均值；y_i 是参考土壤湿度值；$\bar{y}$ 是参考土壤湿度值均值。

表 9-1　　　　　　　　　　北半球和南半球相应季节的时间序列划分

顺序	季节 北半球/南半球	时间段
1	春/秋	$61 \leqslant \text{DOY} \leqslant 152$
2	夏/冬	$153 \leqslant \text{DOY} \leqslant 244$
3	秋/春	$245 \leqslant \text{DOY} \leqslant 335$
4	冬/夏	$1 \leqslant \text{DOY} \leqslant 60$ 以及 $336 \leqslant \text{DOY}$

9.4　结果与讨论

　　图 9-4 和图 9-5 分别是基于改进方法反演土壤湿度的 R 和 RMSE 结果分布。总体而言，反演结果的整体表现较好，R 大于 0.6，RMSE 小于 $0.06\text{cm}^3/\text{cm}^3$。图 9-5 中 RMSE 较高的土壤湿度反演结果主要集中在亚马孙平原和刚果盆地等低纬度植被密集地区。同时，由于地表环境复杂，不同土地覆盖类型下的土壤湿度反演结果存在差异。进一步分析发现，亚马孙平原和刚果盆地因植被密度高、降雨量大，地表湿度变化剧烈，导致反演结果的误差较大。在这些地区，土壤湿度反演受到植被干扰的影响较为明显。另一方面，在温带和干旱地区，植被稀少，地表较为平坦，土壤湿度反演结果相对准确，表现出较低的 RMSE。此外，不同土地覆盖类型对土壤湿度反演的影响也不容忽视。例如，农田和草地的反演结果通常较为精确，而森林和湿地由于其复杂的表面结构和高水分含量，反演结果的误差相对较大。特别是在山区和丘陵地带，地形起伏较大，地表环境复杂多变，使得土壤湿度反演面临更大的挑战。

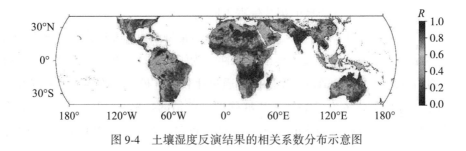

图 9-4　土壤湿度反演结果的相关系数分布示意图

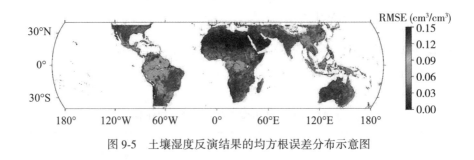

图 9-5　土壤湿度反演结果的均方根误差分布示意图

图 9-6 为 SMAP 土壤湿度和 CYGNSS 反演得到的土壤湿度的散点图。拟合线(实线)接近 1∶1 线(虚线),且在低土壤湿度值下的贴合程度更高。

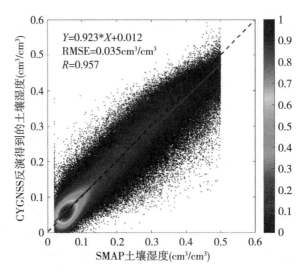

图 9-6　SMAP 土壤湿度值与 CYGNSS 反演结果的密度散点图

本节将全球尺度的改进方法与 R-T-V 模型反演得到的结果进行比较,以 SMAP 的土壤湿度作为参考,通过反演结果的 RMSE 和 R 来表示改进模型的有效性。如图 9-7 所示,改进后的方法在大多数地区显示出 10% 及以上的改善。此外,在特定地区,包括阿拉伯半岛和东非大裂谷南部,RMSE 减少了 30% 以上。相比之下,亚马孙盆地和刚果盆地的改善不太明显，这在很大程度上归因于 CYGNSS 有效反射率受植被效应的影响较大。这些地区植被密集，植被层对微波信号的反射和吸收效应显著，干扰了土壤湿度的准确反演。造成这种情况的另一个原因是这些地区的有效匹配数较少。因亚马孙盆地和刚果盆地气候湿润，土壤湿度变化幅度大，导致反演结果的不确定性增加。进一步的分析表明，改进方法在干旱和半干旱地区的表现尤为突出。阿拉伯半岛和东非大裂谷南部等干旱地区，地表植被稀少，土壤湿度变化相对稳定，使得反演结果的精度显著提升。这些地区的改进幅度不仅体现在 RMSE 的减少上，也表现在反演结果的相关性 R 显著提高。另外，在温带和寒带地区，改进方法同样表现出较好的效果。由于这些地区的地表条件相对均匀，降水量适中，植被覆盖较为均匀，土壤湿度反演结果较为稳定。相比之下，在热带雨林和湿地等复杂地表环境中，反演结果的误差较大，改进方法的效果相对较弱。图 9-7 给出了不同 SM 水平下 CYGNSS SM 的 RMSE 和 R 值。可以观察到，低 SM 值（<0.2cm³/cm³）的区域占全球陆地表面的很大比例，超过 60%。结果表明，改进后的方法在 SM 值较低的区域表现较好，随着 SM 值的增大，模型的性能有所下降。这一结果与以往的研究结果相同。

表 9-2 改进方法与 R-T-V 模型的反演结果对比

精度	R-T-V	改进方法
R	0.925	0.957
R^2	0.856	0.916
RMSE	0.047	0.035
ubRMSE	0.047	0.035

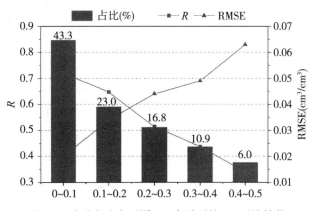

图 9-7 改进方法在不同 SM 水平下的 SM 反演性能

为了观察改进方法和传统方法在不同季节的表现，表 9-2 给出了改进方法与传统 R-T-V 模型的 R、RMSE 和 R^2。结果显示，改进方法在各个季节的模型性能都优于传统方法，特别是在冬季，RMSE 最低为 0.030cm³/cm³。这表明改进方法在不同季节条件下具有更稳定和可靠的性能。从图 9-8 可以观察到，相比于 R-T-V 模型，改进方法在全球范围的 SM 反演效果取得显著的提升。

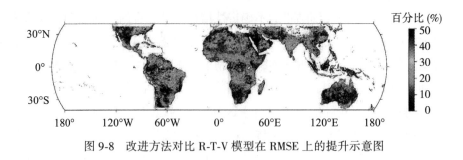

图 9-8　改进方法对比 R-T-V 模型在 RMSE 上的提升示意图

　　此外，使用 ISMN 实测站的土壤湿度值来评估改进方法的反演性能。实测站点来自四个网络：SCAN、SNOTEL、TxSON 和 USCRN。表 9-3 中数据显示了改进方法和传统方法在不同地点获取反演结果的 ubRMSE、R 和 RMSE。结果表明，改进方法的模型反演性能显著优于传统方法，具体表现为 RMSE 和 ubRMSE 分别平均降低了 15.4% 和 11.5%，而相关系数 R 从 0.562 提高到 0.664。

　　进一步分析显示，改进方法在不同季节的表现均优于传统方法，特别是在冬季，反演结果的精度最高。这可能是由于冬季植被覆盖减少，地表状况相对简单，减少了反演过程中复杂环境的干扰，从而减小了复杂环境影响的误差。同时，改进方法在春季、夏季和秋季的表现也显著优于传统方法，说明其在复杂地表条件下同样具有较高的适应性和准确性。

　　表 9-4 详细统计了四个不同网络下实测站点的地理分布和土壤湿度反演的具体结果。结果表明，改进方法在广泛的地理和气候条件下都表现出色，尤其在 SCAN 和 USCRN 网络中，RMSE 和 ubRMSE 的降幅尤为显著。这反映了改进方法在这些区域中更精准地反演土壤湿度，展现出其在多种环境条件下的强大适应性和稳定性。

　　图 9-9 展示了 CR200_15、Santa_Barbara_11_W 和 Isbell_Farms 三个站点的土壤湿度时间序列，其中包括 ISMN、SMAP 和 CYGNSS 反演结果。总体来看，改进方法的反演结果与实测值之间具有良好的一致性，特别是在时间序列的变化趋势上，土壤湿度值与真实数据高度吻合。这表明该方法具有较高的准确性和可靠性，能够有效应用于不同站点的土壤湿度监测。

表 9-3　　　　　　　　　**不同季节下 R-T-V 模型与改进方法的土壤湿度反演结果比较**

顺序	季节	R R-T-V/改进方法	R^2 R-T-V/改进方法	RMSE R-T-V/改进方法
1	春	0.916/0.947	0.837/0.897	0.047/0.037

顺序	季节	R R-T-V/改进方法	R^2 R-T-V/改进方法	RMSE R-T-V/改进方法
2	夏	0.922/0.953	0.845/0.907	0.051/0.039
3	秋	0.934/0.961	0.870/0.923	0.046/0.035
4	冬	0.935/0.967	0.865/0.934	0.043/0.030

表 9-4　　改进模型(IM-M)与传统 R-T-V 模型在 ISMN 中 21 个站点精度指标比较

序号	站点	网络	地物分类	R-T-V 模型			改进方法		
				ubRMSE	R	RMSE	ubRMSE	R	RMSE
1	Bragg_Farm	SCAN	14	0.039	0.326	0.043	0.033	0.363	0.034
2	Isbell_Farms	SCAN	4	0.055	0.629	0.112	0.053	0.651	0.111
3	Levelland	SCAN	10	0.039	0.542	0.036	0.032	0.615	0.034
4	Morris_Farms	SCAN	8	0.052	0.366	0.054	0.044	0.615	0.046
5	Perdido_Riv_Farms	SCAN	8	0.062	0.505	0.090	0.053	0.662	0.066
6	Sevilleta	SCAN	7	0.037	0.414	0.040	0.035	0.482	0.038
7	UAPB_Dewitt	SCAN	12	0.039	0.753	0.064	0.033	0.836	0.061
8	Weslaco	SCAN	12	0.044	0.710	0.045	0.039	0.781	0.040
9	BALDY	SNOTEL	1	0.055	0.652	0.062	0.050	0.697	0.060
10	Mormon_Mountain	SNOTEL	8	0.116	0.573	0.117	0.107	0.705	0.108
11	MORMON_MTN_SUMMIT	SNOTEL	8	0.123	0.636	0.138	0.114	0.735	0.131
12	CR200_15	TxSON	10	0.034	0.651	0.034	0.032	0.745	0.032
13	CR200_26	TxSON	10	0.041	0.691	0.041	0.036	0.777	0.036
14	CR1000_1	TxSON	10	0.037	0.723	0.052	0.031	0.812	0.048
15	CR1000_6	TxSON	10	0.055	0.570	0.056	0.045	0.740	0.046
16	Edinburg_17_NNE	USCRN	10	0.053	0.674	0.041	0.035	0.730	0.039
17	Fallbrook_5_NE	USCRN	7	0.036	0.640	0.041	0.032	0.746	0.038
18	Las_Cruces_20_N	USCRN	7	0.029	0.353	0.031	0.026	0.545	0.027
19	Santa_Barbara_11_W	USCRN	8	0.080	0.653	0.102	0.068	0.773	0.092
20	Tucson_11_W	USCRN	7	0.021	0.324	0.041	0.020	0.384	0.038
21	Williams_35_NNW	USCRN	10	0.051	0.420	0.053	0.046	0.559	0.048
—	—	—	—	0.052	0.562	0.062	0.046	0.664	0.056

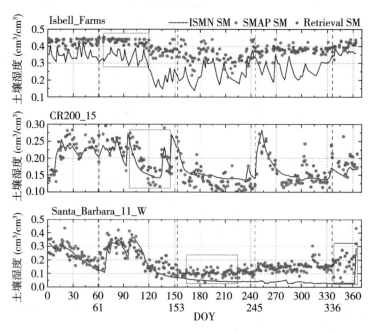

图 9-9　Isbell_Farms、CR200_15 和 Santa_Barbara_11_W 实测站点、SMAP 和
CYGNSS 反演的土壤湿度时间序列比较图

　　在 Isbell_Farms 站点，SMAP 和 CYGNSS 反演的土壤湿度值与实测值相比显示出较高的一致性。这个站点的地表类型为农业用地，土壤和植被覆盖相对均匀，可能使得反演结果的精度更高。在 Santa_Barbara_11_W 站点，秋季和冬季的土壤湿度时间序列（DOY>245）也表现出与实测值较高的一致性。这个站点的地表类型为落叶阔叶林和多树的草原，植被覆盖水平较高。尽管植被密集度对 CYGNSS 有效反射率有一定影响，但改进方法依然能够较好地反演土壤湿度，这表明该方法在复杂地表条件下具有较强的适应性和准确性。CR200_15 站点的红框部分显示了改进后的模型在土壤湿度的连续变化部分的优异反演效果。该站点的地表类型为混合农业和草地，土壤湿度的变化较为平稳。改进方法能够捕捉到这些细微的连续变化，进一步证明了其在不同地表类型和季节条件下的稳定性能。综合来看，这些站点的数据验证了改进方法在不同地表类型和季节条件下的有效性和可靠性。Isbell_Farms 和 Santa_Barbara_11_W 站点的高植被覆盖水平虽然对 CYGNSS 反射率产生影响，但改进方法依然表现出色。这表明该方法在处理复杂地表条件时，能够有效减少误差，提高反演精度。

　　此外，CR200_15 站点的结果进一步说明了改进方法在连续土壤湿度变化反演中的准确性，体现了其在不同环境和条件下的广泛适应性。这些结果表明，改进方法在全球范围内土壤湿度监测中具有重要的应用价值，可以为农业管理和环境监测提供更准确和可靠的数据支持。

9.5　本章小结

本章利用 CYGNSS 观测数据和 SMAP 产品数据，提出了一种考虑季节变化的土壤湿度 (SM) 反演方法。传统的 R-T-V 方法虽然在一定程度上能够反演土壤湿度，但由于未能充分考虑季节变化的影响，存在一定的局限性。考虑到反射率受土壤湿度、植被含水量和土壤表面温度的耦合影响，我们在传统的 R-T-V 方法基础上，进一步对网格中的数据进行分割，建立了改进模型。该改进模型由四个季节模型组成，分别针对春季、夏季、秋季和冬季的数据进行优化，以减少网格中参数季节变化和不连续时间序列数据的影响。这样可以更精确地捕捉季节变化对反演结果的影响，提高模型的整体性能。

实验结果表明，改进方法在不同季节中的反演效果均优于传统的 R-T-V 模型。具体来说，对于 SMAP 土壤湿度值，改进后的方法在各个季节的 RMSE 和 R 指标均显示出显著的改进。特别是在冬季，反演效果尤为突出，RMSE 最低可达 $0.030\mathrm{cm}^3/\mathrm{cm}^3$。此外，我们利用来自 SCAN、SNOTEL、TxSON 和 USCRN 四个网络的 21 个实测站点的土壤湿度数据，对改进方法进行了验证。通过与传统方法的比较，改进方法在实测站点的 ubRMSE 从 $0.062\mathrm{cm}^3/\mathrm{cm}^3$ 降低到 $0.056\mathrm{cm}^3/\mathrm{cm}^3$，减少了 11.5%。相关系数 R 也从 0.562 提高到 0.664，进一步验证了改进方法在反演土壤湿度方面的优越性能。

通过这种考虑季节变化的改进方法，能够有效减少季节变化对 CYGNSS 反射率的影响，进一步提升土壤湿度反演的精度。这不仅有助于提高土壤湿度监测的准确性，还有助于增强对农业管理和水资源管理的支持。

第 10 章　CYGNSS 土壤湿度误差改正新方法

虽然上述土壤湿度反演方法获得了较好的结果，但其反演算法由于引进了各种地表物理参数，如植被不透明度、粗糙度系数、地表温度、NDVI 和 VWC 等。因此，上述方法会依赖于其他辅助数据源，从而难以判断在土壤湿度反演中星载 GNSS-R 观测量的贡献量。近年来，研究人员基于 CYGNSS 观测量，推出了新的土壤湿度数据产品，即 L3 级别的土壤湿度产品（UCAR-CU）。该产品是利用 CYGNSS 地表反射率观测值和 SMAP 的土壤湿度和之间的线性关系进行土壤湿度反演。因此，该产品受到其他辅助数据源的影响较小，而且是以星载 GNSS-R 观测量的贡献为主。然而，这种产品也降低了模型对土地覆盖空间变化的敏感性，导致更大的误差。例如，在农业地区，作物生长引起的植被含水量波动可能被忽视，这可能会影响土壤湿度的反演精度。因此，研究在不引入过多辅助数据源的情况下兼顾区域差异的全球 CYGNSS 高精度土壤湿度反演方法具有重要意义。

10.1　实验数据

10.1.1　UCAR-CU 数据

UCAR-CU 土壤湿度产品是根据 CYGNSS 任务的观测结果开发的。该产品利用多元线性回归算法建立 CYGNSS 有效反射率观测值与 SMAP 获取的土壤湿度估计值之间的关系，能够在没有额外辅助数据源（如表面粗糙度）的情况下反演土壤湿度。这一产品主要覆盖泛热带地区，自 2017 年以来提供了土壤表层 5cm 以上的土壤湿度数据，其空间分辨率为 36km，时间分辨率为 6h。本研究使用的数据来自 2018 年 1 月至 2023 年 12 月的 UCAR-CU CYGNSS 土壤湿度 v1.0 产品。该产品的数据可通过访问以下链接获取：https：//podaac. jpl. nasa. gov/dataset/CYGNSS_L3_SOIL_MOISTURE_ V1.0。

10.1.2　SMAP 数据

SMAP 任务提供了 0~5cm 土层顶部的土壤湿度产品，其重访周期为 1~3d，覆盖±45°纬度范围内的全球陆地区域。SMAP 卫星配备了有源雷达和无源辐射计传感器，使其能够精确测量土壤湿度。在研究中，采用了 SMAP Radiometer Global Daily EASE-Grid SM（version 8）产品来计算 UCAR-CU 土壤湿度产品的误差。该数据集的空间分辨率为 36km，能够提供高质量的土壤湿度信息，数据可通过以下链接获取：https：//nsidc. org/data/spl3smp/versions/9。

10.1.3 ISMN 数据

在本章中，继续使用 ISMN 网络获取的土壤湿度数据作为地面验证的数据。该网络是验证和改进全球卫星土壤湿度产品的重要数据库，提供丰富的土壤湿度和辅助数据。ISMN 汇编了来自不同气候区域和土地覆盖类型的土壤湿度数据，监测站遍布多个地区，包括北美洲、欧洲、非洲、亚洲和澳大利亚，确保了数据的广泛代表性和多样性。为确保评估的准确性，根据 ISMN 质量标志指南，保留标记为"G"的数据，这意味着这些数据未标记的质量控制状态，确保了分析结果的可靠性。ISMN 产品可通过访问以下链接获取：http：//ismn. geo. tuwien. ac. at。

10.2　基于滑动窗口的土壤湿度误差改正新方法

由于 UCAR-CU 土壤湿度产品是基于 CYGNSS 地表反射率观测值与 SMAP 的土壤湿度之间的线性关系进行反演的，因此，尽管该产品对其他辅助数据源的依赖较小，但也降低了模型对土地覆盖空间变化的敏感性，这可能导致精度的降低。例如，在农业地区，作物生长导致的植被含水量波动可能被忽视，从而影响土壤湿度的反演精度。为此，本章节首先采用滑动窗口分析方法，探讨在不同窗口下 UCAR-CU 土壤湿度产品与 SMAP 土壤湿度产品的误差年分布情况。其次，基于误差分布，利用小波去噪技术提取总体的误差分布趋势。最后，应用误差改正公式对误差进行改正，以提升反演结果的准确性和可靠性。

10.2.1 UCAR-CU 土壤湿度产品误差分析

由于 UCAR-CU 的土壤湿度产品主要是利用 CYGNSS 有效反射率与 SMAP 土壤湿度之间的关系得到的。因此，在本研究中，直接使用 UCAR-CU 土壤湿度数据与 SMAP 土壤湿度值之差作为误差。为了更好地进行误差分析，UCAR-CU 的土壤湿度产品首先与 SMAP 土壤湿度数据进行时空匹配。由于使用的 SMAP 数据为 EASE-Grid 2.0 下的 36km 空间分辨率，因此，将 UCAR-CU 的土壤湿度也配置到该格网下并进行时间匹配。然后，利用式(10-1)来获取 UCAR-CU 的误差：

$$\text{Bias}^{i,j} = \text{SM}^{i,j}_{\text{UCAR-CU}} - \text{SM}^{i,j}_{\text{SMAP}} \tag{10-1}$$

式中，i 为 EASE-Grid 2.0 网格索引值；j 表示一年中的一天(DOY，Day of year)；$\text{SM}^{i,j}_{\text{UCAR-CU}}$ 和 $\text{SM}^{i,j}_{\text{SMAP}}$ 分别为 UCAR-CU 和 SMAP 的土壤湿度值。

图 10-1 和图 10-2 分别展示了 2018 年至 2023 年期间，SMAP 和 UCAR-CU 土壤湿度产品的准全球平均土壤湿度分布情况。可以看到，尽管 UCAR-CU 产品表现出良好的土壤湿度监测能力，但与 SMAP 产品相比，仍然存在一定的误差。平均误差分布如图 10-3 所示，

表明 UCAR-CU 与 SMAP 产品之间的差异在全球范围内具有明显的区域性特征。具体来看，图 10-3 中的误差分布显示，不同地区的误差大小不一，反映了不同气候条件、植被覆盖以及土地利用类型对土壤湿度反演结果的影响。例如，在干旱地区和高植被覆盖区，UCAR-CU 产品与 SMAP 产品的误差较为显著。这种区域差异可能源于 UCAR-CU 产品对土地覆盖变化的敏感度较低，导致在特定地区的土壤湿度估计值有所偏离。

图 10-4 进一步展示了 4 个代表不同植被覆盖类型的网格点在 2018 年至 2023 年期间的土壤湿度时间序列对比。这些网格点的选择涵盖了农田、常绿阔叶林、混交林和热带稀树草原 4 种不同土地覆盖类型。结果表明，在这 4 个格网点中，UCAR-CU 与 SMAP 的土壤湿度误差表现出周期性波动，且这些波动的幅度随着土地覆盖类型的不同而有所变化。植被含水量的季节性变化、降水模式以及土地利用方式的差异，可能是导致这些周期性波动的主要原因。这些结果表明，尽管 UCAR-CU 土壤湿度产品具有一定的准确性，但其在处理不同区域和植被类型时仍然面临挑战，仍需进一步分析误差分布情况，并改正误差。

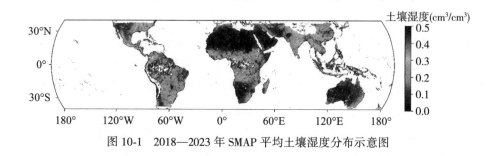

图 10-1　2018—2023 年 SMAP 平均土壤湿度分布示意图

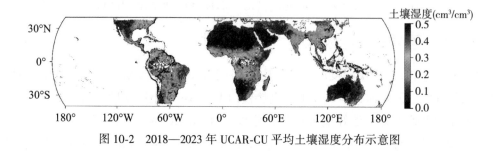

图 10-2　2018—2023 年 UCAR-CU 平均土壤湿度分布示意图

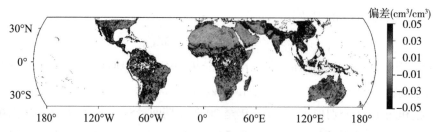

图 10-3　2018—2023 年 UCAR-CU 平均土壤湿度与 SMAP 土壤湿度误差分布示意图

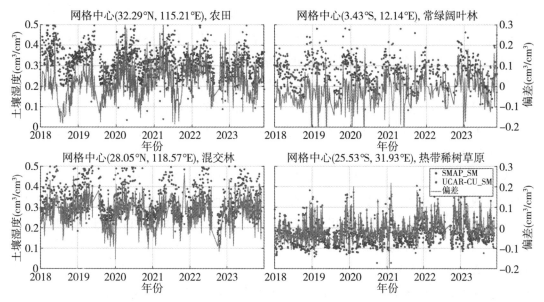

图 10-4　2018—2023 年选定的四个格网点对应的 UCAR-CU 与 SMAP 土壤湿度值及误差时间序列

10.2.2　滑动窗口算法

如图 10-4 所示，UCAR-CU 土壤湿度产品的精度受到地表覆盖类型的显著影响。不同地表覆盖类型的波动随时间变化，导致相对于 SMAP 产品的误差呈现周期性变化。因此，为了更好地捕捉这些局部差异并提高误差改正的精度，本研究考虑将全球区域划分为更小的部分，以确保地表类型的局部变化能够得到充分考虑。为此，采用了滑动窗口算法，将全球范围划分为大小相同的规则窗口。这种方法的目的是减少区域土地覆盖变化对土壤湿度反演结果的影响。在每个窗口内，建立局部误差改正模型，能够更加精准地分析空间变化，并最大限度地减小地表异质性对土壤湿度产品的影响。通过这种分区方法，土壤湿度数据的处理和误差改正在区域尺度上得到了显著的提升，尤其是在不同地表类型之间的过渡区域中，能够更加准确地反映土壤湿度的实际变化。

利用 2018 年至 2023 年 UCAR-CU 和 SMAP 产品的全球土壤湿度误差数据，构建了基于滑动窗口的降噪模型。通过在每个窗口内建立局部误差改正机制，能够针对不同区域的土地覆盖类型，分别进行精细化的误差修正。这种方法不仅提升了误差改正的准确性，还有效降低了由地表异质性引起的误差波动，确保在全球范围内能够更加稳定和一致地反演土壤湿度。这一方法为全球土壤湿度监测提供了更为可靠的技术手段，有助于改善土壤湿度产品在不同气候区和土地覆盖类型下的适用性。

如图 10-5 所示，滑动窗口算法首先是将地球表面划分为规则网格，以确保不同区域能够进行统一的分析。在本研究中，UCAR-CU 土壤湿度数据对应于 EASE-Grid 2.0 网格中，以计算误差。此外，滑动窗口的大小也是影响误差改正效果的重要因素。定义滑动窗口的大小时，需要确保在全局范围内，窗口的总数是一个整数，且窗口是连续的，从而覆盖整个地球表面。同时，每个窗口内应包含足够的观测数据，以便进行可靠的误差建模和改正(Huang 等，2019；Huang 等，2021；Yao 等，2014)。在 EASE-Grid 2.0 中，全球被划分为 964×406 个网格单元。为兼顾精度和计算效率，本研究将 EASE-Grid 2.0 中的 4×2 个网格单元合并为一个滑动窗口。这一合并策略确保了每个滑动窗口内包含足够的建模数据，同时也减少了土地覆盖类型的局部差异对模型精度的影响。通过将多个网格合并为滑动窗口，滑动窗口算法不仅能够更灵活地适应不同区域的地理和气候特征，还能够有效平滑土壤湿度数据中的局部波动。每个滑动窗口内的数据通过误差改正模型处理，从而更好地捕捉区域内的空间变化特征，最终提升全球土壤湿度反演的整体精度。

从第一个滑动窗口开始，本研究从 EASE-Grid 2.0 格网的左上角开始，建立土壤湿度误差改正模型。该模型的结果用于改正该纬度的第一个网格点。接下来，滑动窗口沿着纬度方向移动四个网格点，形成新的滑动窗口。然后，为新窗口构建相应的土壤湿度误差改正模型，依次类推，直到该纬度的最后一个网格点。这一过程确保了在每个滑动窗口内，模型能够有效地捕捉局部的土壤湿度变化特征。通过逐步移动窗口，不仅能够逐点进行误差改正，还可以连续地覆盖整个纬度带，减少地表异质性带来的影响。此外，这种滑动窗口方法在大尺度的空间上保持了局部改正的灵活性，使得误差能够适应不同区域的土壤、植被和气候特征，进而提升了土壤湿度反演结果的整体精度。

随着滑动窗口逐渐覆盖整个纬度范围，本研究确保了每个区域都能依其独特的地理和气候条件进行误差改正。这样的方法能够捕捉到全球范围内的土壤湿度变化，并对其误差进行精细化调整，提供更为精确的土壤湿度数据。这种逐步移动和局部改正的策略，使得滑动窗口算法能够更好地适应全球不同区域的变化特点，有助于提升土壤湿度产品在多种土地覆盖类型下的表现。

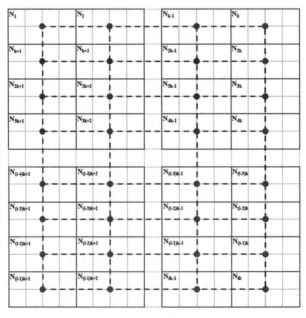

图 10-5　滑动窗口算法示意图

10.2.3 小波去噪

小波变换是一种强大的数学工具,用于分析和处理具有非平稳特征的信号(Abbaszadeh,2016)。它通过在时域中提供信号的时频表示,使得捕获局部特征变得更加高效和精准。与传统的傅里叶变换相比,小波变换能够更好地适应信号的局部变化,从而有效捕捉短时事件和突变。这种灵活性使得基于小波变换的小波去噪技术在去除信号中的噪声时,能够同时保留重要特征,保持信号的完整性和真实性(Dautov 和 Özerdem,2018)。小波去噪的过程通常包括将信号分解为不同的频段,进而识别并滤除高频波段中的噪声成分。这一过程使得低频信息中的信号特征得以保留,并最终用于重建清晰的信号。这种方法尤其适用于处理在噪声干扰较大的环境中采集的数据。

在本研究中,由于土壤湿度误差时间序列呈离散形式,因此,选择采用离散小波变换(Discrete Wavelet Transform,DWT)进行去噪处理。DWT 能够有效地对离散信号进行多尺度分析,能够准确识别和处理土壤湿度数据中的噪声,从而提高后续分析的准确性和可靠性。DWT 算法是在 1989 年由 Mallat 提出的,其分解过程描述如下(Mallat,1999):

$$\left. \begin{array}{l} A_v[f(t)] = \sum_q H(2t-k)A_{v-1}[f(t)] \\ D_v[f(t)] = \sum_q G(2t-k)A_{v-1}[f(t)] \end{array} \right\} \tag{10-2}$$

$$A_0[f(t)] = f(t) \tag{10-3}$$

式中,$t=1,2,\cdots,N$ 为离散时间序列号;N 为信号长度;$f(t)$ 表示原始信号;$v=1,2,\cdots,M$ 为分解层次,M 是最大分解层次;q 表示卷积运算期间滤波器移动的离散位置索引;H 和 G 分别为低通滤波器和高通滤波器;A_v 和 D_v 分别表示第 1 层的低频和高频小波系数。

重构后的序列由下式得到:

$$A_v[f(t)] = \sum_q h(2t-k)A_{v+1}[f(t)] + \sum_q g(2t-k)D_{v+1}[f(t)] \tag{10-4}$$

式中,h 和 g 分别表示小波低通和高通重构滤波器。

基于原始函数中有用信号与噪声时频特性的差异,选择最优小波并确定最大分解层次是小波去噪的关键问题。根据经验模型,本研究选择 db6 作为土壤湿度误差去噪的小波基函数,其最大分解水平为 3。需要说明的是,实验所使用的是 6 年(2018—2023 年)的时间序列数据。其中,2018—2022 年的数据作为训练集,2023 年的数据作为验证集。使用下式对原始 UCAR-CU 土壤湿度值进行误差改正:

$$\mathrm{SM}^{k,j}_{\mathrm{cor,\ CUAR\text{-}CU}} = \mathrm{SM}^{k,j}_{\mathrm{CUAR\text{-}CU}} - \mathrm{Bias}^{k,j}_{\mathrm{cor}} \tag{10-5}$$

式中,$\mathrm{SM}^{k,j}_{\mathrm{cor,\ CUAR\text{-}CU}}$ 为 UCAR-CU 改正后的土壤湿度值;k 为滑动窗口;$\mathrm{Bias}^{k,j}_{\mathrm{cor}}$ 表示第 j 个滑动窗口在第 j 日的改正误差,表示为

$$\text{Bias}_{\text{cor}}^{k, j} = a_0^k + a_1^k \cos 2\pi \frac{\text{doy}}{365.25} + a_2^k \sin 2\pi \frac{\text{doy}}{365.25} + a_3^k \cos 4\pi \frac{\text{doy}}{365.25} + a_4^k \sin 4\pi \frac{\text{doy}}{365.25}$$

$$(10\text{-}6)$$

式中，a_0^k 为第 k 个滑动窗口中的平均误差；a_1^k 和 a_2^k 分别表示第一次谐波项(年周期)的系数；a_3^k 和 a_4^k 表示第二次谐波项(半年周期)的系数。

10.3　误差改正结果及讨论

本小节将重点分析并讨论基于滑动窗口的土壤湿度误差改正模型的效果。首先，通过对比改正前后的土壤湿度数据，评估该模型在不同区域的改正效果，并分析其对减少误差的有效性。滑动窗口方法能够根据局部地表条件进行精细调整，从而提升模型的整体表现。接下来，通过误差改正前后的时空分析，探讨误差改正在局部区域的变化规律。最后，将误差改正后的土壤湿度估计与 ISMN 的原位观测数据进行对比验证，来进一步验证改正模型的准确性。

10.3.1　准全球误差改正结果

根据上述误差改正流程，具体步骤如下：首先，选取 2018 年至 2022 年的数据作为训练集，应用小波去噪算法对土壤湿度数据的误差进行初步改正。在此基础上，构建基于滑动窗口的土壤湿度误差改正模型。该模型的设计旨在结合不同地理区域的局部特征，逐步减少土壤湿度数据的系统性误差。

其次，使用 2023 年的数据作为独立验证集，对所建立的误差改正模型进行性能验证和评估。通过对比改正前后的结果，验证模型的鲁棒性和广泛适用性，以确保其在不同时间段和不同区域的表现具有一致性。

最后，基于上述过程计算相应的统计指标，以量化模型的改正效果。本研究主要使用 RMSE、相关系数 R、ubRMSE 和 MAE 作为精度衡量的标准。这些指标能够有效评估模型在减少误差和提高土壤湿度数据准确性方面的表现。

表 10-1 列出了改正前后各项精度指标的对比结果。从表中的数据可以看出，无论是在训练集(2018—2022 年)还是验证集(2023 年)中，UCAR-CU 土壤湿度数据在误差改正后均表现出更高的精度。RMSE 显著降低，表明改正后的数据误差明显减少；相关系数 R 的提升则显示了改正后数据与真实观测值之间的拟合度更高。ubRMSE 和 MAE 的下降，进一步验证了改正模型在减少系统性误差和提高整体数据质量方面的有效性。

综合来看，改正后的土壤湿度数据在各项指标上均得到改善，验证了基于滑动窗口的小波去噪算法在提升土壤湿度数据准确性方面的有效性和适用性。该方法不仅在训练数据集上表现出良好效果，还在独立的验证集上得到了进一步验证，说明这一模型具备较强的泛化能力。

表 10-1　　　　**UCA-CU 土壤湿度产品与 SMAP 土壤湿度产品误差改正前后的**
整体性能比较(2018—2023 年)

年度	误差改正前				误差改正后			
	RMSE (cm³/cm³)	R	ubRMSE (cm³/cm³)	MAE (cm³/cm³)	RMSE (cm³/cm³)	R	ubRMSE (cm³/cm³)	MAE (cm³/cm³)
2018	0.062	0.868	0.062	0.041	0.052	0.913	0.051	0.035
2019	0.071	0.832	0.07	0.046	0.057	0.892	0.057	0.038
2020	0.076	0.811	0.075	0.05	0.06	0.881	0.060	0.039
2021	0.075	0.816	0.074	0.05	0.059	0.883	0.059	0.039
2022	0.076	0.806	0.074	0.051	0.061	0.872	0.060	0.040
2023	0.075	0.801	0.074	0.05	0.061	0.869	0.060	0.04

图 10-6 展示了测试集中误差改正前后，SMAP 与 UCAR-CU 土壤湿度值的准全球分布对比。从图中可以清楚地看到，在多个地区，误差改正后的 UCAR-CU 土壤湿度值与 SMAP 数据更加接近，验证了本研究提出的误差改正模型的有效性。尤其在气候复杂和土地覆盖类型多样的区域，改正后的土壤湿度数据精度有显著提升。

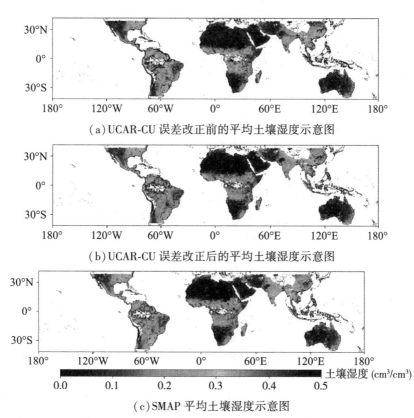

（a）UCAR-CU 误差改正前的平均土壤湿度示意图

（b）UCAR-CU 误差改正后的平均土壤湿度示意图

（c）SMAP 平均土壤湿度示意图

图 10-6　2023 年 UCAR-CU 误差改正前、UCAR-CU 误差改正后的平均土壤湿度
以及 SMAP 平均土壤湿度示意图

为了进一步评估模型在各个网格上的空间性能，计算了测试集上每个网格单元在误差改正前后，UCAR-CU 与 SMAP 土壤湿度数据的误差（Bias）、R 和 RMSE，如图 10-7 所示。通过对比图 10-7 左右两侧的结果可以发现，误差改正后在全球不同地区的误差、RMSE 和 R 均显示出不同程度的改善。特别是在热带、干旱区和农业用地等区域，误差改正后的土壤湿度数据与 SMAP 的相关性显著提高，R 值大多超过 0.8，RMSE 降低至 $0.7\text{cm}^3/\text{cm}^3$ 以下，误差绝对值也控制在 $0.01\text{cm}^3/\text{cm}^3$ 以内。

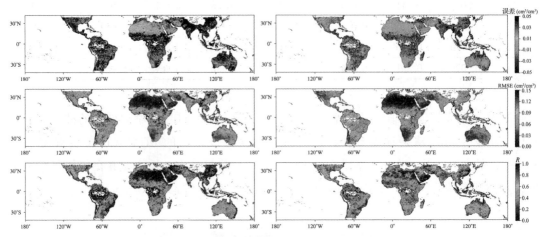

图 10-7　2023 年全球土壤湿度误差、RMSE 和 R 的分布示意图
（其中第一列和第二列分别表示误差改正前后的 UCAR-CU 产品）

如图 10-8 所示，为了量化误差改正前后的性能差异，使用了误差、RMSE 和 R 的全球分布箱形图。从图中可以看出，误差改正后的土壤湿度数据误差值主要集中在 $0.2\text{cm}^3/\text{cm}^3$ 以内，其中大部分数据的误差小于 $0.1\text{cm}^3/\text{cm}^3$，说明改正模型有效降低了误差。同时，全

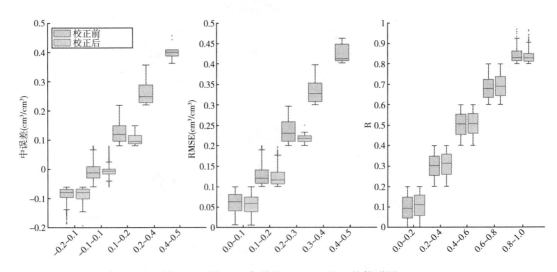

图 10-8　图 10-7 中误差、RMSE 和 R 的箱形图

球范围内的 RMSE 从改正前的 $0.5\mathrm{cm^3/cm^3}$ 缩减至 $0.3\mathrm{cm^3/cm^3}$，表明模型在减少整体误差方面有显著效果。此外，R 值的分布更加接近 1，反映了改正后的数据与真实观测值间的更强相关性。

图 10-9 进一步展示了误差改正后的 UCAR-CU 与 SMAP 土壤湿度值的密度分布情况。可以看到，经过误差改正，UCAR-CU 土壤湿度数据与 SMAP 数据之间的一致性大幅提升。密度分布图中的大多数数据点沿 1：1 线分布，表明两个变量之间具有高度一致的变化趋势。具体而言，改正后的相关系数 R 达到了 0.869，RMSE 下降至 $0.061\mathrm{cm^3/cm^3}$，这些结果表明，本研究的误差改正模型能够很好地捕获土壤湿度的时空变化，提升了 UCAR-CU 土壤湿度数据的准确性。

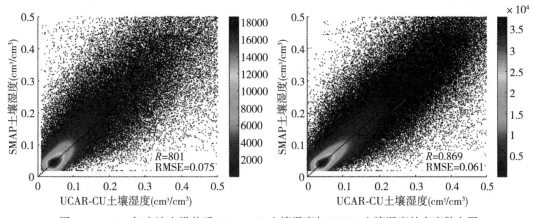

图 10-9　2023 年小波去噪前后 UCAR-CU 土壤湿度与 SMAP 土壤湿度的密度散点图

此外，需要注意的是：在图 10-6 中，误差改正模型在不同区域的表现存在一定差异，这可能与各区域复杂的地表环境密切相关。例如，地形起伏、土壤类型和植被覆盖等因素都会对土壤湿度的变化产生影响，从而影响模型的改正效果。而且，图 10-4 显示了在较长时间序列上，不同植被类型的土壤湿度具有不同的周期性波动特征，这种周期性波动与季节性变化、作物生长周期以及植被含水量的波动紧密相关。这些不同的波动模式反过来影响了误差改正模型的表现，使得某些区域的改正效果优于其他区域。

因此，深入探讨不同地表环境下的误差改正效果具有重要意义。针对不同的植被覆盖类型或地形特征，模型可能需要适当调整参数或引入局部特征，以更好地适应不同环境的复杂性。例如，农业区域的土壤湿度波动往往受到作物生长周期的显著影响，而荒漠或草原区域的土壤湿度则可能更多地受到气候条件的支配。针对这些差异，采用灵活的改正策略可能有助于提升模型的整体表现。

为了评估不同地表类型对误差改正模型的影响，可以对比分析在农业、森林、草原和荒漠等典型区域中的改正效果，结合长时间序列的数据，探讨这些区域中土壤湿度的周期波动特征与误差改正结果之间的关系。这将为改进误差改正模型提供重要的依据，从而在全球范围内(尤其是地表异质性显著的区域)实现更精准的土壤湿度估计。

10.3.2 局部误差改正结果

表 10-2 汇总了图 10-4 中代表不同植被类型的四个网格点在滑动窗口内的测试集误差改正效果。需要注意的是，"主要土地覆盖类别"定义为在每个窗口内占据 50% 以上面积的植被类型。表中数据显示，四种不同植被类型的滑动窗口在误差改正上均表现出了显著的效果：改正后的 RMSE 值大幅降低，相关系数 R 值更接近 1，这表明模型在不同地表类型下均能保持较高的误差改正稳定性和一致性。尤其是在高异质性地表环境中，模型依然能够有效地改正土壤湿度误差，显著减少因植被覆盖变化引起的误差。

此外，通过对比还发现，在不同的土地覆盖类型下，改正模型的性能有所不同。例如，在植被密集区域(如混交林)的 RMSE 值下降幅度较大；而农田区域的相关系数 R 值接近 1。这反映了改正模型对复杂地表环境下的土壤湿度变化具有较强的适应性和准确性。上述结果表明，基于滑动窗口和小波去噪技术的误差改正方法，在时空异质性较大的土壤湿度数据处理中，能够有效提升精度与可靠性。

为了更深入地探讨植被覆盖对误差改正模型的影响，本研究以 32.28°N，115.20°E 为中心的滑动窗口为例，进行详细分析。该区域的主要植被类型为农田和草地，具有明显的季节性变化特征。图 10-10 展示了该滑动窗口内 2018—2023 年间 SMAP 和 UCAR-CU 土壤湿度数据在误差改正前后的时间序列变化。从图中可以看出，无论是在训练集还是测试集中，经过误差改正的 UCAR-CU 土壤湿度数据与 SMAP 数据更加接近，尤其是在季节性变化显著的时段，改正后的 UCAR-CU 数据呈现出更清晰的周期性波动。相比于改正前，改正后的时间序列更好地反映了植被生长和气候变化对土壤湿度的影响，表明误差改正模型能够有效捕捉到区域内土壤湿度的动态变化规律。

表 10-2　　　在图 10-4 所示四个栅格在 2023 年的滑动窗口偏置误差改正效果

滑动窗口中的网格点	主要土地覆盖类别	误差改正前		误差改正后	
		RMSE(cm^3/cm^3)	R	RMSE(cm^3/cm^3)	R
32.28°N，115.20°E	农田	0.072	0.490	0.058	0.625
3.53°N，12.13°W	常绿阔叶林	0.094	0.252	0.087	0.433
28.05°N，118.56°E	混交林	0.106	0.187	0.074	0.284
25.52°S，31.92°E	热带稀树草原	0.073	0.347	0.072	0.405

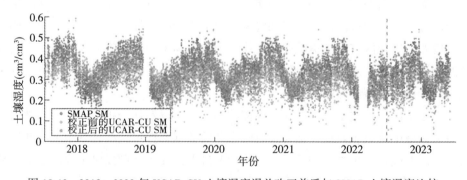

图 10-10　2018—2023 年 UCAR-CU 土壤湿度误差改正前后与 SMAP 土壤湿度比较

　　为了更直观地展示小波去噪的效果，图 10-11 展示了训练集中原始信号与去噪后的信号对比，以及相应的频谱分析结果。从图中可以看出，小波去噪成功去除了原始信号中的高频噪声，同时保留了关键的低频特征信号，使得信号更加平滑、强度更为显著。通过小波变换，信号中的细节得到了有效保留，而高频噪声成分被明显抑制，增强了数据的表现力和精度。

　　此外，频谱分析结果也表明，去噪后的信号在低频段的特征得到了有效保留，这对于土壤湿度数据的长期趋势分析至关重要。通过消除高频噪声，本研究实现了对长期趋势的更准确捕捉，特别是在不同地理区域和植被覆盖类型下，去噪处理显著改善了数据的整体表现。总体来看，小波去噪技术在信号平滑、增强和误差改正中的应用，不仅提升了模型的准确性，还为土壤湿度时空动态变化的进一步深入分析提供了可靠的数据基础。

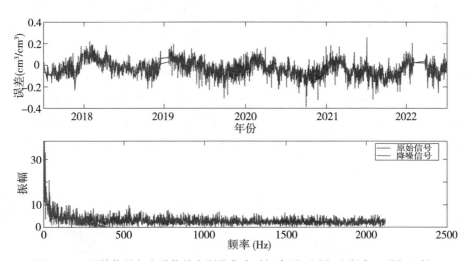

图 10-11　原始信号与去噪信号在训练集中时间序列(上图)和频率(下图)比较

　　进一步地，图 10-12 展示了应用去噪模型后在测试集中的误差改正结果。经过去噪处理，测试集中 UCAR-CU 土壤湿度与 SMAP 数据的误差显著减少，改正后的误差分布更趋近于零，表明小波去噪技术不仅能提高信号的稳定性，还能够在误差改正中发挥关键作用。从图中可以看出，去噪后的误差分布更为集中，随机噪声的影响明显降低，进一步提升了改正模型的性能。

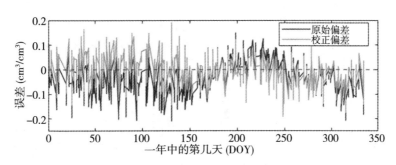

图 10-12　测试集误差改正前后的时间序列误差变化

图 10-13 展示了 32.28°N，115.20°E 滑动窗口内的密度散点图，分别描绘了训练集和测试集在土壤湿度误差改正前后的性能表现。通过该图可以直观地看到，经过误差改正后，UCAR-CU 土壤湿度与 SMAP 土壤湿度数据之间的相关性显著提升。具体来说，对于训练集，误差改正使得相关系数从 0.463 显著增加到 0.678，提升了 31.71%。与此同时，RMSE 从 0.077cm³/cm³ 下降至 0.06cm³/cm³，降低了 22.07%。这些变化表明改正后的 UCAR-CU 土壤湿度数据与 SMAP 土壤湿度数据之间的一致性得到了大幅度改善。

同样，对于测试集的改正结果，效果同样明显。相关系数从原始的 0.491 上升到 0.625，提升了 21.44%。RMSE 则从 0.072cm³/cm³ 下降到 0.058cm³/cm³，降低了 19.44%。这些结果进一步证明了误差改正模型在不同数据集中的稳定性和有效性。图 10-13 中的密度散点图展示出改正后的数据更加集中在 1:1 线附近，进一步表明 UCAR-CU 和 SMAP 土壤湿度数据之间的差异明显减少，改正后的 UCAR-CU SM 能够更好地匹配 SMAP 的观测值。

这种显著的改进不仅体现了滑动窗口算法在处理土壤湿度误差上的有效性，也说明了小波去噪在去除信号噪声和捕捉关键低频特征上的贡献。尤其是在复杂的地表环境下，如图 10-13 所示的滑动窗口区域，该方法能够显著提升 UCAR-CU 土壤湿度数据的质量。随着滑动窗口的应用，模型成功地捕捉到了不同地表特征对土壤湿度观测影响的区域性差异，

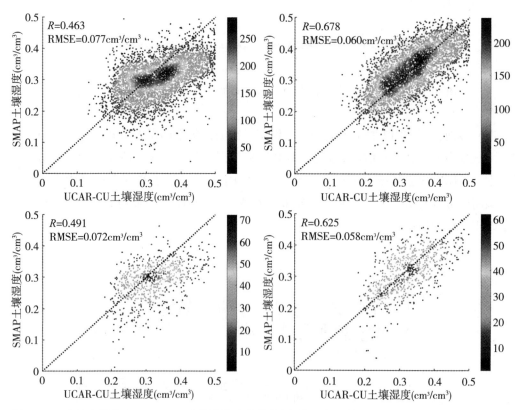

图 10-13　小波去噪前后 UCAR-CU 土壤湿度密度散点图(第一行和第二行分别是训练集和测试集)

从而进一步提升了误差改正的空间精度。总体而言，图 10-13 中的结果表明，经过小波去噪和滑动窗口处理后，UCAR-CU 土壤湿度产品在长期趋势分析中展现出了更高的准确性和稳定性。

为深入探讨本章提出的模型在不同土地覆盖类型中的误差改正性能，本小节对测试集中 14 种不同土地覆盖类型的误差改正效果进行了分析，计算了改正前后的 RMSE 和相关系数，结果如图 10-14 所示。分析结果显示，所有土地覆盖类型在经过改正后都有不同程度的改善。具体来看，RMSE 值在改正后显著下降，表明误差得到了有效修正。平均来看，14 种土地覆盖类型的 RMSE 减少了 19.44%，这意味着模型成功降低了土壤湿度误差，提升了土壤湿度数据的精度。同时，相关系数在改正后也得到了显著提升，平均提高了 23.86%，进一步表明改正后的 UCAR-CU 土壤湿度数据与 SMAP 数据之间的相关性增强，数据的一致性更强。

值得注意的是，在一些植被覆盖度较高的地区，如常绿针叶林、常绿阔叶林、农田、混交林和灌丛等地，模型的改正效果尤为显著。这些区域的 RMSE 降低幅度最大，相关系数 R 也有明显的提高，说明模型在高植被覆盖区对误差的改正能力更为突出。这可能是因为植被的水分波动对土壤湿度的影响较大，而本章采用的小波去噪和滑动窗口方法能够更好地捕捉和修正这些复杂区域中的土壤湿度变化。

然而，改正效果在不同的土地覆盖类型之间仍然存在一定的差异。例如，在植被覆盖度较低或地形复杂的区域，改正后的 RMSE 虽然有所降低，但改善的幅度相对较小。这表明，地表异质性对土壤湿度误差改正的影响较大，未来的研究可能需要针对这些复杂地表环境开发更加精细的改正方法。

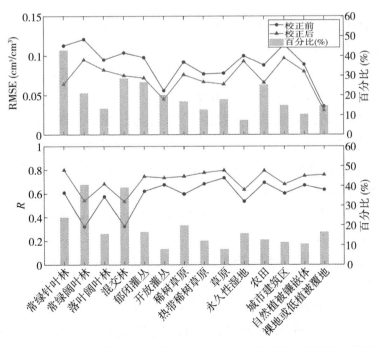

图 10-14　测试集在不同土地覆盖类别中 RMSE、R 及误差改正模型的改善效果

10.3.3　ISMN 站点验证

为了进一步验证改正模型的有效性，本小节选取了多个不同区域的 ISMN 网络实测数据，对模型的改进效果进行了评估。表 10-3 详细列出了 16 个 ISMN 站点在测试集中误差改正前后的性能表现。通过对这些站点的实测数据进行对比分析，能够更加准确地判断模型在全球不同区域和地表条件下的适应性和预测效果。

从表 10-3 的数据可以看出，采用提出的误差改正方法后，16 个 ISMN 站点的土壤湿度估计性能得到了显著改善。具体而言，平均 RMSE 从改正前的 0.088cm^3/cm^3 降至改正后的 0.069cm^3/cm^3，减少了 27.53%。这表明经过误差改正后，UCAR-CU 土壤湿度产品与实测数据之间的误差明显缩小，模型具备良好的误差改正能力。同时，相关系数也显著提升，平均从改正前的 0.487 增至 0.634，提升幅度达到 30.08%。这一结果进一步证明了改正模型有效提升了土壤湿度估计的相关性，使得改正后的 UCAR-CU 数据与 ISMN 实测数据更加接近。此外，ubRMSE 从改正前的 0.075cm^3/cm^3 降至 0.065cm^3/cm^3，降低了 13.33%，表明模型不仅减少了误差，还提高了误差的整体分布均匀性。

需要指出的是，尽管整体上性能指标均有显著改善，但不同站点的改进幅度存在一定的差异。例如，在气候条件较为稳定、植被覆盖较为一致的区域，改正效果尤为显著，RMSE 的下降幅度更大，相关性也更强。这表明，模型在处理较为均匀的地表环境时效果较好。然而，在一些复杂的地表环境或极端气候条件下，尽管改正后也有所改进，但误差减少的幅度相对较小。这可能与该区域的植被类型、地形复杂性以及数据的时空覆盖不均等因素有关。

为了更加直观地展示误差改正模型的效果，图 10-15 和图 10-16 分别给出了 16 个 ISMN 站点在测试集中改正前后的 RMSE 和 R 的对比情况及改进效果。从图中可以清晰看到，经过误差改正后，每个站点的 RMSE 和 R 值都表现出了不同程度的改善，说明模型在各站点的土壤湿度估计精度和一致性上有显著提升。

在 RMSE 方面，改进效果最为显著的站点是位于 SCAN 网络中的 Stubblefield 站点，RMSE 减少了 42.30%，表明该站点的误差经过改正后大幅缩小。此外，多个站点的 RMSE 也表现出显著的下降，进一步证实了改正模型的有效性。在 R 方面，USCRN 网络内的 Asheville_13_S 站点的 R 值从原来的 0.181 提升至 0.678，改进幅度高达 73.30%。这一结果说明改正模型不仅减少了系统误差，还增强了改正后的 UCAR-CU 土壤湿度数据与 SMAP 实测数据之间的相关性。

同时，其他站点也显示了不同程度的改进，特别是在具有较为复杂的土地覆盖或极端气候条件的区域。尽管这些站点的 RMSE 和 R 在改正前存在较大波动，但经过改正后，绝大多数站点的 R 值都得到提升，RMSE 得到降低，改正后的土壤湿度估计与 SMAP 数据之间的匹配度更高。此外，值得注意的是，部分站点的改进幅度相对较小，这可能与站点所在区域的土地覆盖类型或数据采集期间的气候条件有关。例如，在某些植被覆盖度较低的干旱地区，土壤湿度的季节性变化较大，误差改正的效果可能受限于数据的空间异质性或土壤湿度的极端波动性。尽管如此，大多数站点改正后的数据在精度和相关性上仍显示出显著改进。

总体来看，误差改正模型在不同站点的表现表明，该模型具有良好的鲁棒性和适用性，尤其是在存在复杂地表条件和植被变化的区域，模型能够有效提升土壤湿度数据的精度和一致性。图 10-15 和图 10-16 中精度的提升表明，所提出的误差方法在不同 ISMN 站点的实测数据中具有广泛的应用潜力，能够为复杂地形的土壤湿度监测提供更高精度的数据支持。

表 10-3　　　　　　　　　不同 ISMN 站点误差改正效果

序号	站点	网络	纬度/经度	误差改正前			误差改正后		
				RMSE (cm³/cm³)	R	ubRMSE (cm³/cm³)	RMSE (cm³/cm³)	R	ubRMSE (cm³/cm³)
1	Centralia_Lake	SCAN	39.7/-96.16	0.136	0.39	0.105	0.108	0.551	0.095
2	Cochora_Ranch	SCAN	35.12/-119.6	0.075	0.649	0.05	0.048	0.789	0.048
3	Deep_Springs	SCAN	37.37/-117.97	0.059	0.312	0.037	0.037	0.365	0.036
4	Morris_Farms	SCAN	32.41/-85.91	0.069	0.415	0.052	0.051	0.643	0.047
5	Stubblefield	SCAN	34.97/-119.47	0.104	0.591	0.069	0.06	0.798	0.049
6	Tule_Valley	SCAN	39.23/-113.46	0.068	0.491	0.045	0.054	0.568	0.044
7	Vernon	SCAN	34.02/-99.25	0.098	0.58	0.074	0.077	0.684	0.067
8	Walnut_Gulch_#1	SCAN	31.73/-110.05	0.05	0.502	0.042	0.043	0.559	0.041
9	BAKER_BUTTE_SMT	SNOTEL	34.46/-111.38	0.134	0.404	0.09	0.12	0.422	0.09
10	Asheville_13_S	USCRN	35.41/-82.55	0.086	0.181	0.084	0.07	0.678	0.062
11	Blackville_3_W	USCRN	33.35/-81.32	0.068	0.346	0.05	0.05	0.452	0.047
12	Durham_11_W	USCRN	35.97/-79.09	0.091	0.262	0.062	0.072	0.695	0.047
13	Salem_10_W	USCRN	37.63/-91.72	0.084	0.312	0.083	0.067	0.655	0.066
14	Versailles_3_NNW	USCRN	38.09/-84.74	0.097	0.154	0.088	0.079	0.484	0.078
15	Goodwell_2_SE	USCRN	36.56/-101.60	0.088	0.568	0.058	0.075	0.603	0.057
16	Selma_13_WNW	USCRN	32.45/-87.24	0.106	0.5	0.105	0.094	0.585	0.094

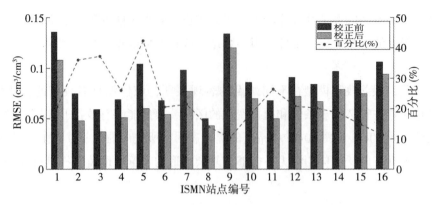

图 10-15　误差改正前后 16 个测点的 RMSE 及改善效果

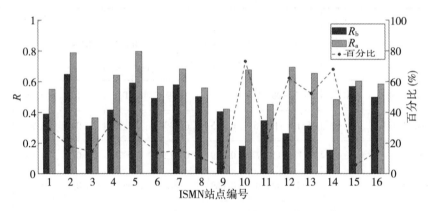

图 10-16　误差改正前后 16 个测点的 R 及改善效果

10.4　本章小结

　　本章提出了一种基于滑动窗口的土壤湿度误差改正新方法，旨在提高 UCAR-CU 土壤湿度产品在全球不同区域的准确性。首先，通过滑动窗口算法将全球区域划分为大小均等的窗口，使用 SMAP 的土壤湿度数据作为参考，对每个窗口内的 UCAR-CU 土壤湿度数据进行误差改正。同时，为了减轻噪声和潜在的干扰，引入了小波去噪算法，进一步改善了误差改正的效果。

　　在实验中，以 2018—2022 年的土壤湿度数据为训练集，利用每个窗口的历史数据建立误差改正模型，并以 2023 年的数据为测试集，评估模型的适用性和可行性。使用 RMSE、R、ubRMSE 和 MAE 作为评估指标，分析了不同土地覆盖类型下的误差改正效果。此外，为了确保改正结果的可靠性，还将模型结果与 ISMN 的实测土壤湿度数据进行了比对和验证。

　　实验结果表明：改正后的模型在全球范围内表现出良好的性能。改正后的 RMSE 从

0.072cm³/cm³ 降低至 0.058cm³/cm³，降低了 19.46%；同时 R 提高了 7.02%。在测试集中，RMSE 同样下降了 19.35%，R 提升了 7.79%，显示出 UCAR-CU 土壤湿度产品经过改正后具有更高的精度。此外，误差改正后的土壤湿度数据的全球分布显示，误差趋于零，R 值接近 1，RMSE 的分布范围也从原来的 0.5cm³/cm³ 缩小到了 0.3cm³/cm³。该模型不仅在整体上表现优异，还能够捕捉到不同土地覆盖类型下的局部性能变化，尤其是在复杂的地表环境中。例如，在以农田为主要植被覆盖类型的滑动窗口中，小波去噪能够去除高频噪声，保留了土壤湿度数据中的低频特征信号。改正后的 UCAR-CU 土壤湿度与 SMAP 土壤湿度的相关性更高，且土壤湿度的周期性波动更加明显，进一步表明了小波去噪技术的有效性。在测试集中，R 从 0.491 提升至 0.625，RMSE 从 0.072cm³/cm³ 下降至 0.058cm³/cm³，分别提高了 21.44% 和 19.44%。

此外，将模型改正结果与 ISMN 站点的实测土壤湿度数据进行验证时，所选站点的模型精度均显著提升：平均 RMSE 从 0.088cm³/cm³ 降至 0.069cm³/cm³（降幅 27.53%）R 提升 30.08%，ubRMSE 降低 13.33%。

综上所述，所提出的基于滑动窗口的 UCAR-CU 土壤湿度误差改正模型为理解复杂地表环境对土壤湿度数据的影响提供了新思路。通过与参考土壤湿度产品的对比分析及数据校正，该模型显著提升了土壤湿度估计的精度，并为全球土壤湿度监测提供了一个高精度、强互补性的数据集。此外，该方法还在一定程度上考虑了全球和区域土壤湿度监测中的地理异质性，为模型提供了一种新的改正思路。

未来的研究可以进一步探讨小波基函数和分解层次的选择，以便更好地适应特定区域的特征。此外，其他去噪技术的引入以及不同滑动窗口大小和步长对改正结果的影响，也值得进一步深入分析。通过对模型参数的优化和方法的改进，未来的研究可以为全球土壤湿度监测提供更高精度和更广泛适用性的技术支持。

第 11 章　结论与展望

本书基于 CYGNSS(Cyclone Global Navigation Satellite System)星载 GNSS-R 数据，结合 SMAP (Soil Moisture Active Passive) 卫星和 MODIS (Moderate Resolution Imaging Spectroradiometer)等遥感数据，系统性地开展了植被参数和土壤湿度的反演方法研究。首先，在植被参数的反演方面，本书重点研究了包括地上生物量、树冠高度、归一化植被指数(NDVI)和植被含水量等重要指标的反演方法。通过利用 CYGNSS 反射信号与其他卫星遥感数据的联合分析，开发出了一套综合反演模型，用于精确估算上述植被参数，从而提升对不同类型植被生态系统的监测精度。

另外，本书还对土壤湿度的反演方法进行了深入研究，针对不同地理区域、方位角变化和季节效应等因素的影响，分别构建了多种优化的土壤湿度反演方法。首先，本书构建了顾及地理差异的土壤湿度反演方法。该方法考虑了不同地理区域中植被、地表特性和气候条件的差异，采用区域性校准策略，显著提高了土壤湿度估算的准确性。通过对不同生态系统(如湿地、草原和荒漠等)的数据进行分析，该方法能够有效应对地理条件的多样性，保证了土壤湿度反演结果的普适性和精度。其次，本书提出了顾及方位角变化的土壤湿度反演方法。由于 GNSS-R 信号接收与反射涉及不同的入射和方位角，信号强度和反射特性会受到方位角的显著影响。因此，在反演土壤湿度的过程中，引入方位角改正模型以降低方位角对反射信号的干扰，增强了反演方法的鲁棒性，进一步提升了在复杂地表条件下的土壤湿度反演精度。最后，本书构建了顾及季节效应的土壤湿度反演方法。考虑到植被覆盖、降水模式和地表湿度特性在不同季节的显著变化，本书提出了顾及季节变化的相应模型，以调整反演过程中的季节性偏差。

11.1　结论

本书的主要结论如下：

(1)阐述了星载 GNSS-R 技术的产生背景及其必要性，系统回顾了其发展历程，并总结了 GNSS-R 在植被参数反演领域的国内外研究现状，重点分析了星载 GNSS-R 的关键技术及亟需解决的关键问题。

(2)系统介绍了 GNSS-R 的理论基础，为后续开展星载 GNSS-R 反演植被参数的方法和关键技术研究提供了理论基础。详细阐述了 GNSS 信号结构及其处理技术，包括 C/A 码及相关特性和现有的 GNSS 反射信号处理技术。此外，分析了 GNSS 反射信号的电磁波、电磁波极化、反射信号数学描述和 GNSS-R 反射系数，并推导了双基雷达方程，探讨了其在海洋和陆地散射模型中的应用。

（3）介绍了星载 GNSS-R 数据和植被参数反演的验证数据及其预处理方法，并研究了土壤湿度对裸土表面菲涅耳反射率及植被参数反演的影响。在此基础上，构建了一个顾及土壤湿度影响的校正反射率观测量。实验结果表明，与传统的反射率相比，校正反射率与 LUCID 机构提供的 AGB 的相关系数从 0.48 提升到了 0.58，与 ICESat/GLAS 提供的 CH 相关系数从 0.54 提升到了 0.60。

（4）在校正反射率的基础上，提出了一种顾及土壤湿度校正的星载 GNSS-R 的 AGB 和 CH 反演方法。实验结果表明，采用本书提出的方法在 AGB 反演和 CH 反演方面具有更好的性能。基于传统方法和改进方法反演 AGB 的 RMSE 分别为 73.38t/hm^2 和 64.84t/hm^2，相关系数分别为 0.76 和 0.80。与传统方法相比，改进方法的 RMSE 降低了 11.63%，相关系数提高了 5.26%。传统方法的 AGB 反演在 AGB 值约为 400t/hm^2 时具有饱和现象，而改进方法的 AGB 反演则为 450t/hm^2。CH 反演结果表明，传统方法和改进方法反演结果的 RMSE 分别为 6.83m 和 5.97m，相关系数分别为 0.79 和 0.83。

（5）尽管上述改进方法在反演结果优于传统方法，但是仍然存在少部分像素点的精度不如传统方法。针对这一问题，利用粒子群优化算法对两者结果进行融合，进一步将 AGB 和 CH 的反演精度提高到 63.77t/hm^2、5.76m，其相关系数分别提高至 0.81 和 0.84。

（6）介绍了多源数据联合反演地上生物量方法的验证数据及其预处理方法，并建立了基于 GMF 模型的 CH 单源反演 AGB 模型，在此基础上，引入 ICESat/GLAS 的 CH 数据，建立了 CYGNSS/SMAP/ICESat/GLAS 多源数据联合反演 AGB 的模型。通过分析 ICESat/GLAS 的 CH 数据和 LUCID 提供的 AGB 参考值发现，CH 与 AGB 为幂函数关系，并根据该模型关系对 AGB 进行反演，实验结果表明，其 RMSE 和相关系数分别为 45.07t/hm^2 和 0.91。联合多源数据可提高 AGB 反演的性能，其 RMSE 和相关系数分别达到 42.14t/hm^2 和 0.92。虽然多源数据从整体上可以带来反演结果精度的提升，但是与单 CH 模型反演结果相比在部分低 AGB 地区会稍差，这可能与多源数据质量有关，有待于进一步深入分析和研究。

（7）针对上述星载 GNSS-R 植被 AGB 和 CH 反演中，CYGNSS 观测量未能完全避免土壤湿度影响，参考的 AGB 和 CH 图时间相对较久这两个问题，探索性地提出了一种星载 GNSS-R 植被归一化指数反演方法。在该过程中，介绍了星载 GNSS-R 植被归一化指数反演方法数据集和数据预处理方法，并通过借鉴辐射传输 τ-w 模型推导了星载 GNSS-R 反射率与土壤湿度、植被参数的线性关系，发现回归方程的截距值 B 仅受植被影响，比线性系数 A 和传统的 GNSS-R 反射率观测量更适合用于表征植被指数，从而将土壤湿度和植被衰减这两个耦合参数分离。在此基础上，将截距特征值 B 用于反演 NDVI，并对比分析了线性模型和 ANN 模型的反演性能。实验结果表明，在充分利用 A、B、地理位置和地物分类数据的情况下，两种模型都取得了非常好的反演效果。相比于线性模型，ANN模型的反演精度从 0.116 提升到 0.066，相关系数从 0.86 提升到 0.95。

（8）为减弱方位角对星载 GNSS-R 反演土壤湿度的影响，首先，考虑全年植被生长期的变化，将匹配的 CYGNSS 和 SMAP 观测数据分成两组，第 1 组和第 2 组分别对应植被繁茂期和稀疏期。然后，利用 K-means 算法对方位角进行聚类以减弱其对星载 GNSS-R 散射信号的影响。对两组数据，在每个网格上分别使用 K-means 算法，并由 SC 确定类别的数量。最后，基于 R-T-V 模型，在每个网格上使用这些类别分别检索 SM。用 SMAP 和 ISMN 的土壤湿度数据对 SM 反演结果进行验证。实验结果表明，改进后的方法与 SMAP 方法相比，两组结果具有较好的一致性，1 组 RMSE = 0.040cm³/cm³，2 组 RMSE = 0.036cm³/cm³。同时，改正模型在植被不透明度高的地区，特别是以常绿阔叶林为主的热带地区表现出较好的效果。此外，由于南北半球的地表覆盖分布明显不同，北半球在组 1 中的表现更好，而南半球在组 2 中的表现更好。另一方面，利用不同地表覆盖区域的 SM 检索时间序列来评价改进方法的性能。以北半球和南半球的农田为例，在植被繁茂时期，RMSE 的改善尤为突出，分别降低了 27% 和 37.3%。相反，改正模型在全年植被覆盖率变化不大的稀树草原处的改善效果较稳定。相比之下，植被不透明度较低的地区，如贫瘠或植被稀疏的地区，改善幅度相对较小。在 ISMN 的验证中，检索到的 SMs 在每个站点的性能都得到了提高，与传统方法相比，RMSE 最大降低了 37.20%。

（9）为减少地理差异的影响及引入冗余的辅助参数，根据星载 GNSS-R 有效反射率的环境影响因子（地表粗糙度、土壤表面温度和植被光学深度等）构建了 5 种不同的线性模型，并在世界范围的每个格网内利用这 5 种模型反演土壤湿度，得到相应的 RMSE、相关系数和决定系数，并利用这 3 个系数来判断每个格网内的最优反演模型，最后利用每个格网内的最优模型反演土壤湿度。实验结果表明，以 SMAP 土壤湿度作为参考值，改进方法的 RMSE 为 0.040cm³/cm³，与单一反射率-温度-植被（R-T-V）模型相比降低了 9.1%；此外，以 ISMN 地面站点实测土壤湿度作为参考，改进方法的总体相关系数和 RMSE 分别为 0.80 和 0.064cm³/cm³，其与单一的 R-T-V 模型分别提升了 22.7% 和 8.7%。因此，改进后的方法在不需要冗余辅助数据的情况下，在全局和局部区域都能获得较好的土壤湿度反演结果。

（10）为减弱季节变化对星载 GNSS-R 反演土壤湿度的影响，首先，仿真模拟了环境影响因子（植被和地表温度）对有效反射率的影响。仿真结果表明，在左旋圆偏振下，植被环境的菲涅耳反射率比裸地环境的菲涅耳反射率小 10dB 左右；而在右手圆偏振下，植被对反射率的影响较小。在裸土环境中，菲涅耳反射率随土壤湿度的增大而减小，而在植被环境中则保持不变。因此，植被对左手圆极化天线接收到的反射率影响很大。其次，利用实测数据进行反演。对 CYGNSS 和 SMAP 数据进行时空匹配，并根据时间序列将网格数据划分为 4 个季节数据集，在 R-T-V 模型基础上，利用上述的 4 组数据来反演对每个格网内土壤湿度。反演结果表明：以 SMAP 的土壤湿度作为参考，改进后的方法在大多数地区显示出 10%及以上的改善。在特定地区，包括阿拉伯半岛和东非大裂谷南部，RMSE 显著减少了 30%以上。其次，以 ISMN 地面站点实测土壤湿度作为参考，改进方法反演性能优于传统方法，RMSE 和 ubRMSE 分别平均降低了 15.4%和 11.5%，而且相关系数从 0.562 提高到 0.664。因此，改进方法可以从一定程度上减少季节变化对 CYGNSS 反射率的影响，进一步提升土壤湿度反演的精度。

(11)为提升 CYGNSS 土壤湿度产品精度及解决传统土壤湿度反演方法引入过多辅助参数的问题，提出了一种基于滑动窗口的土壤湿度误差改正模型。首先，通过滑动窗口算法，将全球区域划分为大小均等的窗口，使用 SMAP 的土壤湿度数据作为参考，对每个窗口内的 UCAR-CU 土壤湿度数据进行误差改正。同时，为了减轻噪声和潜在的干扰，引入了小波去噪算法，进一步改善误差改正的效果。实验结果表明：改正模型在全球范围内表现出良好的性能。改正后的 RMSE 从 $0.072cm^3/cm^3$ 降低至 $0.058cm^3/cm^3$，降低了 19.46%；同时 R 提高了 7.02%。在测试集中，RMSE 同样下降了 19.35%，R 提升了 7.79%，显示出 UCAR-CU 土壤湿度产品经过改正后具有更高的精度。在与 ISMN 站点的实测土壤湿度数据进行验证与对比的结果表明：改正结果的平均 RMSE 从 $0.088cm^3/cm^3$ 降至 $0.069cm^3/cm^3$，减少了 27.53%，R 提升了 30.08%，且 ubRMSE 降低了 13.33%。

11.2 展望

尽管本书围绕星载 GNSS-R 技术对陆表环境关键参量的反演方法和关键技术开展了较为深入的研究，提出了一系列具有参考价值的方法和模型，但研究过程中也暴露出一些尚待完善和拓展的领域。笔者深刻意识到，目前的工作尚未覆盖星载 GNSS-R 潜力的全部，仍有许多方面值得进一步探索和优化。未来的研究将主要集中在以下几个方向，以期提升星载 GNSS-R 在陆表环境监测中的应用能力：

(1)地表粗糙度对星载 GNSS-R 观测值影响的深入研究。当前的研究主要聚焦于植被参数的反演，但地表粗糙度对 GNSS-R 观测信号的反射和散射特性有着显著影响。未来将深入探讨这一影响机制，特别是在不同类型的地表条件(如山地、草原和耕地等)下的变化规律。通过建立更精细的物理模型，有望开发出能够更好地考虑地表粗糙度影响的植被参数反演模型，进一步提升反演精度。

(2)提升星载 GNSS-R 反演 NDVI 和 VWC 的空间分辨率。当前基于 GNSS-R 的归一化植被指数(NDVI)和植被含水量(VWC)反演在空间分辨率方面仍存在一定的局限，无法满足一些高精度监测需求。未来将着力优化反演算法，结合多源遥感数据(如光学和雷达数据)和新的数据融合技术，提高植被参数的空间分辨率，满足更细尺度的生态环境监测需求。

(3)处理星载 GNSS-R 中频数据，优化相干与非相干累加时间。在处理 GNSS-R 观测信号时，不同的相干累加和非相干累加时间会对反演结果的空间分辨率产生影响。未来研究将进一步优化中频数据的处理方法，灵活调整相干和非相干累加时间，以提升 GNSS-R 数据的空间分辨率。通过这一改进，可以增强植被反演模型对细节变化的捕捉能力，提升其在复杂地表条件下的适用性。

(4)将植被参数反演结果应用于土壤湿度反演。本书分别对植被参数和土壤湿度进行了反演，但两者的内在联系有待进一步探索。未来将尝试将植被参数反演结果(如 NDVI 和 VWC 等)应用于土壤湿度反演过程中，构建新的扰动函数，进一步提升土壤湿度反演的精度。通过这种多参量耦合反演方法，能够更全面地反映土壤-植被系统的相互作用，提升对生态环境变化的综合监测能力。

(5)进一步探讨小波基函数和分解层次的选择，以便更好地适应特定区域的特征。此外，其他去噪技术的引入以及不同滑动窗口大小和步长对改正结果的影响也值得在未来的研究中进一步深入分析。

未来的研究将致力于解决这些挑战，进一步推动星载 GNSS-R 技术在陆表环境监测中的应用深度和广度。通过优化模型和算法，不仅可以提升反演精度，还能为更广泛的生态、气候和环境研究提供更加可靠的数据支持。

参 考 文 献

[1] 陈发德, 刘立龙, 黄良珂, 等. 基于多模 GNSS-MR 海平面测高研究[J]. 地球物理学进展, 2018, 33(5): 1767-1772.

[2] 陈琳. 基于光学和干涉雷达的森林地上生物量遥感估算模型研究[D]. 北京: 中国科学院大学, 2020.

[3] 陈世林. 激光雷达单木参数提取与生物量估算研究[D]. 北京: 北京林业大学, 2020.

[4] 崔要奎, 赵开广, 范闻捷, 等. 机载 Lidar 数据的农作物覆盖度及 LAI 反演[J]. 遥感学报, 2011, 15(6): 1276-1288.

[5] 郭庆华, 刘瑾, 陶胜利, 等. 激光雷达在森林生态系统监测模拟中的应用现状与展望[J]. 科学通报, 2014, 59(6): 459-478.

[6] 郝红科. 基于机载激光雷达的森林参数反演研究[D]. 咸阳: 西北农林科技大学, 2019.

[7] 何秀凤, 王杰, 王笑蕾, 等. 利用多模多频 GNSS-IR 信号反演沿海台风风暴潮[J]. 测绘学报, 2020, 49(9): 1168-1178.

[8] 黄燕平, 陈劲松. 基于 SAR 数据的森林生物量估测研究进展[J]. 国土资源遥感, 2013, 25(3): 7-13.

[9] 李德仁, 王长委, 胡月明, 等. 遥感技术估算森林生物量的研究进展[J]. 武汉大学学报(信息科学版), 2012, 37(6): 631-635.

[10] 李剑泉, 李智勇, 易浩若. 森林与全球气候变化的关系[J]. 西北林学院学报, 2010, 25(4): 23-28.

[11] 李增元, 刘清旺, 庞勇. 激光雷达森林参数反演研究进展[J]. 遥感学报, 2016, 20(5): 1138-1150.

[12] 梁月吉, 任超, 黄仪邦, 等. 利用 GPS-IR 监测土壤湿度的多星线性回归反演模型[J]. 测绘学报, 2020, 49(7): 833-842.

[13] 刘峰, 谭畅, 王红, 等. 基于机载激光雷达的中亚热带常绿阔叶林林窗特征[J]. 应用生态学报, 2015, 26(12): 3611-3618.

[14] 刘经南, 邵连军, 张训械. GNSS-R 研究进展及其关键技术[J]. 武汉大学学报(信息科学版), 2007, 32(11): 955-960.

[15] 刘奇, 张双成, 南阳, 等. 利用星载 GNSS-R 相干信号探测南亚洪水[J]. 武汉大学

学报(信息科学版),2021,46(11):1641-1648.

[16]刘茜,杨乐,柳钦火,等.森林地上生物量遥感反演方法综述[J].遥感学报,2015,19(1):62-74.

[17]路勇.基于GNSS反射信号的海面风场探测技术研究[D].北京:北京航空航天大学,2009.

[18]马小东.GNSS-R反射信号特征分析及仿真[D].北京:北京化工大学,2013.

[19]穆喜云,张秋良,刘清旺,等.基于机载LiDAR数据的林分平均高及郁闭度反演[J].东北林业大学学报,2015,43(9):84-89.

[20]邵连军.利用GNSS-R信号探测海冰的方法及初步实验结果[J].遥感信息,2013,28(2):12-15.

[21]孙波,梁勇,汉牟田,等.基于GPS多星三频数据融合的GNSS-IR土壤湿度反演方法[J].北京航空航天大学学报,2020,46(6):1089-1096.

[22]谭炳香.高光谱遥感森林类型识别及其郁闭度定量估测研究[D].北京:中国林业科学研究院,2006.

[23]王洁,王娜子,徐天河,等.组合GNSS观测值反演海面高度[J].测绘学报,2022,51(2):201-211.

[24]王娜子,鲍李峰,高凡.逐历元GNSS-R测高单差和双差算法[J].测绘学报,2016,45(7):795-802.

[25]王笑蕾,何秀凤,陈殊,等.地基GNSS-IR风速反演原理及方法初探[J].测绘学报,2021,50(10):1298-1307.

[26]王泽民,刘智康,安家春,等.基于GPS和北斗信噪比观测值的雪深反演及其误差分析[J].测绘学报,2018,47(1):8-16.

[27]吴学睿,李颖,李传龙.基于Bi-Mimics模型的GNSS-R农作物生物量监测理论研究[J].遥感技术与应用,2012,27(2):220-230.

[28]杨东凯,张其善.GNSS反射信号处理基础与实践:[M].北京:电子工业出版社,2012.

[29]杨东凯,刘毅,王峰.星载GNSS-R海面风速反演方法研究[J].电子与信息学报,2018,40(2):462-469.

[30]杨文涛,徐天河,王娜子,等.星载GNSS-R土壤湿度反演中开放水域的影响研究[J].北京航空航天大学学报,2021:1-10.

[31]尹聪.基于导航卫星反射信号的土壤湿度研究[D].南京:南京信息工程大学,2019.

[32]余新晓,鲁绍伟,靳芳,等.中国森林生态系统服务功能价值评估[J].生态学报,2005,25(8):2096-2102.

[33]张双成,南阳,李振宇,等.GNSS-MR技术用于潮位变化监测分析[J].测绘学报,2016,45(9):1042-1049.

［34］张峥男. 机载激光雷达亚热带森林结构参数及蓄积量分布估测研究［D］. 南京：南京林业大学，2018.

［35］郑南山，丰秋林，刘晨，等. GPS 反射信号信噪比与 NDVI 相关性研究［J］. 武汉大学学报（信息科学版），2019，44（10）：1423-1429.

［36］周威，刘立龙，黄良珂，等. GLONASS 卫星 SNR 信号的雪深探测［J］. 遥感学报，2018，22（5）：889-899.

［37］周晓敏，郑南山，祁云，等. 利用 GPS-R 遥感技术反演植被生物量［J］. 测绘通报，2018（1）：129-132.

［38］朱勇超. 星载 GNSS-R 海冰检测与海冰密集度反演方法研究［J］. 测绘学报，2020，49（12）：1643.

［39］Abbaszadeh P. Improving hydrological process modeling using optimized threshold-based wavelet de-noising technique［J］. Water resources management，2016，30：1701-1721.

［40］Al-Khaldi M M，Johnson J T，Gleason S，et al. An Algorithm for Detecting Coherence in Cyclone Global Navigation Satellite System Mission Level-1 Delay-Doppler Maps［J］. IEEE Transactions on Geoscience and Remote Sensing，2021，59（5）：4454-4463.

［41］Al-Khaldi M M，Johnson J T，Gleason S，et al. Inland Water Body Mapping Using CYGNSS Coherence Detection［J］. IEEE Transactions on Geoscience and Remote Sensing，2021，59（9）：7385-7394.

［42］Alonso-Arroyo A，Camps A，Park H，et al. Retrieval of Significant Wave Height and Mean Sea Surface Level Using the GNSS-R Interference Pattern Technique：Results from a Three-Month Field Campaign［J］. IEEE Transactions on Geoscience and Remote Sensing，2015，53（6）：3198-3209.

［43］Asgarimehr M，Wickert J，Reich S. TDS-1 GNSS Reflectometry：Development and Validation of Forward Scattering Winds［J］. IEEE Journal of Selected Topics in Applied Earth Observations and Remote Sensing，2018，11（11）：4534-4541.

［44］Asgarimehr M，Zhelavskaya I，Foti G，et al. A GNSS-R Geophysical Model Function：Machine Learning for Wind Speed Retrievals［J］. IEEE Geoscience and Remote Sensing Letters，2020，17（8）：1333-1337.

［45］Asrar G，Fuchs M，Kanemasu E T，et al. Estimating absorbed photosynthetic radiation and leaf-area index from spectral reflectance in wheat［J］. Agronomy Journal，1984，76（2）：300-306.

［46］Asrar G，Myneni R B，Choudhury B J. Spatial heterogeneity in vegetation canopies and remote-sensing of absorbed photosynthetically active radiation-a modeling study［J］. Remote Sensing of Environment，1992，41（2-3）：85-103.

［47］Auber J C，Bibaut A，Rigal J M. Characterization of multipath on land and sea at GPS frequencies: the 7th International Technical Meeting of the Satellite Division of The Institute of Navigation (ION GPS 1994), 1994[C].

[48] Avitabile V, Herold M, Heuvelink G B M, et al. An integrated pan-tropical biomass map using multiple reference datasets[J]. Global change biology, 2016, 22(4): 1406-1420.

[49] Baccini A, Goetz S J, Walker W S, et al. Estimated carbon dioxide emissions from tropical deforestation improved by carbon-density maps[J]. Nature Climate Change, 2012, 2(3): 182-185.

[50] Baccini A, Laporte N, Goetz S J, et al. A first map of tropical Africa's above-ground biomass derived from satellite imagery [J]. Environmental Research Letters, 2008, 3 (4): 45011.

[51] Balakhder A M, Al-Khaldi M M, Johnson J T. On the Coherency of Ocean and Land Surface Specular Scattering for GNSS-R and Signals of Opportunity Systems [J]. IEEE Transactions on Geoscience and Remote Sensing, 2019, 57(12): 10426-10436.

[52] Baret F, Guyot G. Potentials and limits of vegetation indexes for lai and apar assessment [J]. Remote Sensing of Environment, 1991, 35(2-3): 161-173.

[53] Bengio Y, Courville A, Vincent P. Representation learning: A review and new perspectives[J]. IEEE transactions on pattern analysis and machine intelligence, 2013, 35 (8): 1798-1828.

[54] Bouvier M, Durrieu S, Fournier R A, et al. Generalizing predictive models of forest inventory attributes using an area-based approach with airborne LiDAR data[J]. Remote Sensing of Environment, 2015, 156: 322-334.

[55] Broge N H, Leblanc E. Comparing prediction power and stability of broadband and hyperspectral vegetation indices for estimation of green leaf area index and canopy chlorophyll density[J]. Remote Sensing of Environment, 2001, 76(2): 156-172.

[56] Calders K, Newnham G, Burt A, et al. Nondestructive estimates of above-ground biomass using terrestrial laser scanning[J]. Methods in Ecology and Evolution, 2015, 6 (2): 198-208.

[57] Camps A, Alonso-Arroyo A, Park H, et al. L-Band Vegetation Optical Depth Estimation Using Transmitted GNSS Signals: Application to GNSS-Reflectometry and Positioning[J]. Remote Sensing, 2020, 12(15): 2352.

[58] Camps A, Park H, Bandeiras J, et al. Microwave Imaging Radiometers by Aperture Synthesis—Performance Simulator (Part 1): Radiative Transfer Module [J]. Journal of Imaging, 2016, 2: 17.

[59] Camps A, Park H, Castellvi J, et al. Single-Pass Soil Moisture Retrievals Using GNSS-R: Lessons Learned[J]. Remote Sensing, 2020, 12(12).

［60］Camps A, Park H, Pablos M, et al. Sensitivity of GNSS-R Spaceborne Observations to Soil Moisture and Vegetation［J］. IEEE Journal of Selected Topics in Applied Earth Observations and Remote Sensing, 2016, 9(10SI): 4730-4742.

［61］Camps A. Spatial Resolution in GNSS-R Under Coherent Scattering［J］. IEEE Geoscience and Remote Sensing Letters, 2020, 17(1): 32-36.

［62］Carreno-Luengo H, Amezaga A, Vidal D, et al. First Polarimetric GNSS-R Measurements from a Stratospheric Flight over Boreal Forests［J］. Remote Sensing, 2015, 7(10): 13120-13138.

［63］Carreno-Luengo H, Lowe S, Zuffada C, et al. Spaceborne GNSS-R from the SMAP Mission: First Assessment of Polarimetric Scatterometry over Land and Cryosphere［J］. Remote Sensing, 2017, 9(4).

［64］Carreno-Luengo H, Luzi G, Crosetto M. Above-Ground Biomass Retrieval over Tropical Forests: A Novel GNSS-R Approach with CyGNSS［J］. Remote Sensing, 2020, 12 (9): 1368.

［65］Carreno-Luengo H, Luzi G, Crosetto M. Biomass estimation over tropical rainforests using GNSS-R on-board the CyGNSS microsatellites constellation: IGARSS 2019-2019 IEEE International Geoscience and Remote Sensing Symposium, 2019［C］. IEEE.

［66］Cartwright J, Banks C J, Srokosz M. Sea Ice Detection Using GNSS-R Data from TechDemoSat-1［J］. Journal of Geophysical Research-Oceans, 2019, 124 (8): 5801-5810.

［67］Chan S, Bindlish R, Hunt R, et al. Ancillary Data Report: Vegetation Water Content. JPL D-53061, 2013.

［68］Chang X, Jin T, Yu K, et al. Soil Moisture Estimation by GNSS Multipath Signal［J］. Remote Sensing, 2019, 11(21).

［69］Chave J, Rejou-Mechain M, Burquez A, et al. Improved allometric models to estimate the aboveground biomass of tropical trees［J］. Global change biology, 2014, 20 (10): 3177-3190.

［70］Chen F, Liu L, Guo F. Sea Surface Height Estimation with Multi-GNSS and Wavelet Denoising［J］. Scientific Reports, 2019, 9(1): 1-10.

［71］Chen J M, Cihlar J. Retrieving leaf area index of boreal conifer forests using landsat TM images［J］. Remote Sensing of Environment, 1996, 55(2): 153-162.

［72］Chew C C, Small E E, Larson K M, et al. Vegetation Sensing Using GPS-Interferometric Reflectometry: Theoretical Effects of Canopy Parameters on Signal-to-Noise Ratio Data［J］. IEEE Transactions on Geoscience and Remote Sensing, 2015, 53(5): 2755-2764.

［73］Clarizia M P, Gommenginger C P, Gleason S T, et al. Analysis of GNSS-R delay-Doppler maps from the UK-DMC satellite over the ocean[J]. Geophysical Research Letters, 2009, 36(2).

[74]Clarizia M P, Ruf C S. Wind Speed Retrieval Algorithm for the Cyclone Global Navigation Satellite System (CYGNSS) Mission[J]. IEEE Transactions on Geoscience and Remote Sensing, 2016, 54(8): 4419-4432.

[75]Cohen W B, Maiersperger T K, Gower S T, et al. An improved strategy for regression of biophysical variables and Landsat ETM+ data[J]. Remote Sensing of Environment, 2003, 84(4): 561-571.

[76]Coyle D B, Stysley P R, Chiragh F L, et al. The Global Ecosystem Dynamics Investigation (GEDI) Lidar Laser Transmitter[J]. Infrared Remote Sensing and Instrumentation XXVII, 2019, 11128.

[77]Dai T, Wiegert R G. Ramet population dynamics and net aerial primary productivity of Spartina alterniflora[J]. Ecology, 1996, 77(1): 276-288.

[78]Daughtry C, Walthall C L, Kim M S, et al. Estimating corn leaf chlorophyll concentration from leaf and canopy reflectance[J]. Remote Sensing of Environment, 2000, 74(2): 229-239.

[79]Dautov Ç P, Özerdem M S. Wavelet transform and signal denoising using Wavelet method: 2018 26th Signal Processing and Communications Applications Conference (SIU), 2018 [C], IEEE.

[80]David B C, James R K. Tropical forest biomass estimation and the fallacy of misplaced concreteness[J]. Journal of Vegetation Science, 2012, 23(6): 1191-1196.

[81]Dawson T P, North P, Plummer S E, et al. Forest ecosystem chlorophyll content: implications for remotely sensed estimates of net primary productivity[J]. International Journal of Remote Sensing, 2003, 24(3): 611-617.

[82]De Tanago J G, Lau A, Bartholomeus H, et al. Estimation of above - ground biomass of large tropical trees with terrestrial LiDAR[J]. Methods in Ecology and Evolution, 2017, 9 (2): 223-234.

[83]Disney M I, Vicari M B, Burt A, et al. Weighing trees with lasers: advances, challenges and opportunities [J]. Journal of the Royal Society Interface Focus, 2018, 8 (2): 20170048.

[84]Duncanson L I, Niemann K O, Wulder M A. Integration of GLAS and Landsat TM data for aboveground biomass estimation[J]. Canadian Fournal of Remote Sensing, 2010, 36(2): 129-141.

[85]Eberhart R, Kennedy J. A new optimizer using particle swarm theory[A]. In: Pro of the Sixth International Symposium on Micro Machine and Human Science, Nagoya, 1995[C].

［86］Egido A, Paloscia S, Motte E, et al. Airborne GNSS-R Polarimetric Measurements for Soil Moisture and Above-Ground Biomass Estimation［J］. IEEE Journal of Selected Topics in Applied Earth Observations and Remote Sensing, 2014, 7(5SI): 1522-1532.

［87］Egido A, Paloscia S, Motte E, et al. Airborne GNSS-R Polarimetric Measurements for Soil Moisture and Above-Ground Biomass Estimation［J］. IEEE Journal of Selected Topics in Applied Earth Observations and Remote Sensing, 2014, 7(5SI): 1522-1532.

［88］Emery W, Camps A. Introduction to Satellite Remote Sensing: Atmosphere, Ocean, Land and Cryosphere Applications［M］. Elsevier, 2017.

［89］Eroglu O, Kurum M, Boyd D, et al. High Spatio-Temporal Resolution CYGNSS Soil Moisture Estimates Using Artificial Neural Networks［J］. Remote Sensing, 2019, 11 (19): 2272.

［90］Esa. Land Cover CCI Product User Guide Version 2［M］. 2017.

［91］Fang J, Brown S, Tang Y, et al. Overestimated biomass carbon pools of the northern mid- and high latitude forests［J］. Climatic Change, 2006, 74(1-3): 355-368.

［92］Fassnacht K S, Gower S T, Mackenzie M D, et al. Estimating the leaf area index of North Central Wisconsin forests using the Landsat Thematic Mapper［J］. Remote Sensing of Environment, 1997, 61(2): 229-245.

［93］Ferrazzoli P, Guerriero L, Pierdicca N, et al. Forest biomass monitoring with GNSS-R: Theoretical simulations［J］. Advances in Space Research, 2011, 47(10): 1823-1832.

［94］Foody G M, Boyd D S, Cutler M. Predictive relations of tropical forest biomass from Landsat TM data and their transferability between regions［J］. Remote Sensing of Environment, 2003, 85(4): 463-474.

［95］Foti G, Gommenginger C, Srokosz M. First Spaceborne GNSS-Reflectometry Observations of Hurricanes from the UK TechDemoSat-1 Mission［J］. Geophysical Research Letters, 2017, 44(24): 12358-12366.

［96］Frazer G W, Magnussen S, Wulder M A, et al. Simulated impact of sample plot size and co-registration error on the accuracy and uncertainty of LiDAR-derived estimates of forest stand biomass［J］. Remote Sensing of Environment, 2011, 115(2): 636-649.

［97］Frese E A, Chiragh F L, Switzer R, et al. Component-Level Selection and Qualification for the Global Ecosystem Dynamics Investigation (GEDI) Laser Altimeter Transmitter［J］. Laser Radar Technology and Applications XXIII, 2018, 10636.

［98］Garrison J, Katzberg S, Howell C T. Detection of Ocean Reflected GPS Signals: Theory and Experiment: IEEE Southeaston'97, Blacksburg, 1997［C］.

［99］Gerlein-Safdi C, Ruf C S. A CYGNSS-Based Algorithm for the Detection of Inland Waterbodies［J］. Geophysical Research Letters, 2019, 46(21): 12065-12072.

[100] Gitelson A A, Kaufman Y J, Merzlyak M N. Use of a green channel in remote sensing of global vegetation from EOS-MODIS[J]. Remote Sensing of Environment, 1996, 58(3): 289-298.

[101] Gitelson A A, Kaufman Y J, Stark R, et al. Novel algorithms for remote estimation of vegetation fraction[J]. Remote Sensing of Environment, 2002, 80(1): 76-87.

[102] Gitelson A A, Merzlyak M N. Remote estimation of chlorophyll content in higher plant leaves[J]. International Journal of Remote Sensing, 1997, 18(12): 2691-2697.

[103] Gleason S, Adjrad M, Unwin M. Sensing Ocean, Ice and Land Reflected Signals from Space: Results from the UK-DMC GPS Reflectometry Experiment: ION GNSS 18th International Technical Meeting of the Satellite Division, 2005[C].

[104] Goodfellow I, Bengio Y, Courville A. Deep learning[M]. MIT press Cambridge, 2016.

[105] Gourlet-Fleury S, Rossi V, Rejou-Mechain M, et al. Environmental filtering of dense-wooded species controls above-ground biomass stored in African moist forests[J]. Journal of Ecology, 2011, 99(4): 981-990.

[106] Grieco G, Stoffelen A, Portabella M, et al. Quality Control of Delay-Doppler Maps for Stare Processing[J]. IEEE Transactions on Geoscience and Remote Sensing, 2019, 57 (5): 2990-3000.

[107] Haboudane D, Miller J R, Pattey E, et al. Hyperspectral vegetation indices and novel algorithms for predicting green LAI of crop canopies: Modeling and validation in the context of precision agriculture[J]. Remote Sensing of Environment, 2004, 90(3): 337-352.

[108] Hammond M L, Foti G, Gommenginger C, et al. Temporal variability of GNSS-Reflectometry ocean wind speed retrieval performance during the UK TechDemoSat-1 mission[J]. Remote Sensing of Environment, 2020, 242: 111744.

[109] Hatfield J L, Asrar G, Kanemasu E T. Intercepted photosynthetically active radiation estimated by spectral reflectance[J]. Remote Sensing of Environment, 1984, 14(1-3): 65-75.

[110] Huai-Tzu Y. Stochastic model for ocean surface reflected gps signals and satellite remote sensing applications[D]. West Lafayette: Purdue University, 2005.

[111] Huang L, Jiang W, Liu L, et al. A new global grid model for the determination of atmospheric weighted mean temperature in GPS precipitable water vapor[J]. Journal of Geodesy, 2019, 93: 159-176.

[112] Huang L, Zhu G, Liu L, et al. A global grid model for the correction of the vertical zenith total delay based on a sliding window algorithm[J]. GPS Solutions, 2021, 25 (3): 98.

[113] Jin S, Qian X, Wu X. Sea level change from BeiDou Navigation Satellite System-

Reflectometry (BDS-R): First results and evaluation[J]. Global and Planetary Change, 2017, 149: 20-25.

[114]Kashongwe H B, Roy D P, Bwangoy J R B. Democratic Republic of the Congo Tropical Forest Canopy Height and Aboveground Biomass Estimation with Landsat-8 Operational Land Imager (OLI) and Airborne LiDAR Data: The Effect of Seasonal Landsat Image Selection[J]. Remote Sensing, 2020, 12(9): 1360.

[115]Katzberg S, Garrison J. Utilizing GPS to Determine Ionospheric Delay over the Ocean[R]. NASA Technical Memorandum 4750, 1996: 1-13.

[116]Ke Y, Im J, Lee J, et al. Characteristics of Landsat 8 OLI-derived NDVI by comparison with multiple satellite sensors and in-situ observations [J]. Remote Sensing of Environment, 2015, 164: 298-313.

[117]Kennedy J, Eberhart R. Particle swarm optimization [A]. In: IEEE International Conference on Neural Networks, Perth, 1995[C].

[118]Kenneth G M. Global Forest Resources Assessment 2015: What, why and how? [J]. Forest Ecology and Management, 2015, 352: 3-8.

[119]Kerr Y H, Waldteufel P, Richaume P, et al. The SMOS Soil Moisture Retrieval Algorithm[J]. IEEE Transactions on Geoscience and Remote Sensing, 2012, 50(5SI1): 1384-1403.

[120]Konings A G, Piles M, Rötzer K, et al. Vegetation Optical Depth and Scattering Albedo Retrieval Using Time Series of Dual-polarized L-band Radiometer Observations[J]. Remote Sensing of Environment, 2016, 172: 178-189.

[121]Konings A G, Saatchi S S, Frankenberg C, et al. Detecting Forest Response to Droughts with Global Observations of Vegetation Water Content[J]. Global Change Biology, 2021, 27: 6005-6024.

[122]Kwok T Y, Yeung D Y. Constructive algorithms for structure learning in feedforward neural networks for regression problems[J]. IEEE Transactions on Neural Networks, 1997, 8 (3): 630-645.

[123]Labus M P, Nielsen G A, Lawrence R L, et al. Wheat yield estimates using multitemporal NDVI satellite imagery[J]. International Journal of Remote Sensing, 2002, 23: 4169-4180.

[124]Larson K M, Gutmann E D, Zavorotny V U, et al. Can we measure snow depth with GPS receivers? [J]. Geophysical Research Letters, 2009, 36(17): 17502.

[125]Larson K M, Small E E, Gutmann E D, et al. Use of GPS receivers as a soil moisture network for water cycle studies[J]. Geophysical Research Letters, 2008, 35(24).

[126]Larson K M, Small E E. Normalized Microwave Reflection Index: A Vegetation

Measurement Derived from GPS Networks[J]. IEEE Journal of Selected Topics in Applied Earth Observations and Remote Sensing, 2014, 7(5SI): 1501-1511.

[127]Larson K M. GPS interferometric reflectometry: applications to surface soil moisture, snow depth, and vegetation water content in the western United States [J]. Wiley Interdisciplinary Reviews-Water, 2016, 3(6): 775-787.

[128]Lecun Y, Bengio Y, Hinton G. Deep learning [J]. Nature, 2015, 521 (7553): 436-444.

[129]Li M, Im J, Beier C. Machine learning approaches for forest classification and change analysis using multi-temporal Landsat TM images over Huntington Wildlife Forest[J]. Giscience & Remote Sensing, 2013, 50(4): 361-384.

[130]Li W, Cardellach E, Fabra F, et al. Lake Level and Surface Topography Measured with Spaceborne GNSS-Reflectometry from CYGNSS Mission: Example for the Lake Qinghai [J]. Geophysical Research Letters, 2018, 45(24): 13332-13341.

[131]Liu B, Wan W, Hong Y. IEEE Geoscience and Remote Sensing Letters, 2020, 18(1): 3-7.

[132]Liu B, Wan W, Hong Y. Can the Accuracy of Sea Surface Salinity Measurement be Improved by Incorporating Spaceborne GNSS-Reflectometry? [J]. IEEE Geoscience and Remote Sensing Letters, 2021, 18(1): 3-7.

[133]Liu Y, Collett I, Morton Y J. Application of Neural Network to GNSS-R Wind Speed Retrieval[J]. IEEE Transactions on Geoscience and Remote Sensing, 2019, 57(12): 9756-9766.

[134]Loria E, O'Brien A, Zavorotny V, et al. Analysis of scattering characteristics from inland bodies of water observed by CYGNSS [J]. Remote Sensing of Environment, 2020, 245: 111825.

[135]Lowe S T, I H G. EO Detection of an Ocean Reflected GPS Signal: GPS Surface Reflections Workshop at Goddard Space Flight Center, Pasadena, 1998[C]. JPL.

[136]Lu D, Chen Q, Wang G, et al. A survey of remote sensing-based aboveground biomass estimation methods in forest ecosystems[J]. International Journal of Digital Earth, 2016, 9(1): 63-105.

[137]Lv J, Zhang R, Yu B, et al. A GPS-IR Method for Retrieving NDVI from Integrated Dual-Frequency Observations [J]. IEEE Geoscience and Remote Sensing Letters, 2022: 19.

[138]Mallat S. A wavelet tour of signal processing. Elsevier, 1999.

[139]Martin A, Ibanez S, Baixauli C, et al. Multi-constellation GNSS interferometric reflectometry with mass-market sensors as a solution for soil moisture monitoring [J].

Hydrology and Earth System Sciences, 2020, 24(7): 3573-3582.

[140] Martin-Neira M. A pasive reflectometry and interferometry system (PARIS) application to ocean altimetry[J]. Esa Journal, 1993, 17(4): 331-355.

[141] Martino A J, Neumann T A, Kurtz N T, et al. ICESat-2 Mission Overview and Early Performance[J]. Sensors, Systems, and Nextgeneration Satellites XXIII, 2019, 11151.

[142] Mashburn J, Axelrad P, Zuffada C, et al. Improved GNSS-R Ocean Surface Altimetry with CYGNSS in the Seas of Indonesia[J]. IEEE Transactions on Geoscience and Remote Sensing, 2020, 58(9): 6071-6087.

[143] Michael A L, David J H, Michael K, et al. Estimates of forest canopy height and aboveground biomass using ICESat[J]. Geophysical Research Letters, 2005, 32(22).

[144] Michael K, Rodel L, Miguel C, et al. Changes in forest production, biomass and carbon: Results from the 2015 UN FAO Global Forest Resource Assessment[J]. Forest Ecology and Management, 2015, 352(352): 21-34.

[145] M-Khaldi M M, Johnson J T, O'Brien A J, et al. Time-Series Retrieval of Soil Moisture Using CYGNSS[J]. IEEE Transactions on Geoscience and Remote Sensing, 2019, 57 (7): 4322-4331.

[146] Morris M, Chew C, Reager J T, et al. A novel approach to monitoring wetland dynamics using CYGNSS: Everglades case study [J]. Remote Sensing of Environment, 2019, 233: 111417.

[147] Munozmartin Joan F, Camps A. Sea Surface Salinity and Wind Speed Retrievals Using GNSS-R and L-Band Microwave Radiometry Data from FMPL-2 Onboard the FSSCat Mission[J]. Remote Sensing, 2021, 13(16): 3224.

[148] Myneni R B, Ganapol B D, Asrar G. Remote sensing of vegetation canopy photosynthetic and stomatal conductance efficiencies [J]. Remote Sensing of Environment, 1992, 42 (3): 217-238.

[149] Myneni R B, Maggion S, Iaquinto J, et al. Optical remote-sensing of vegetation - modeling, caveats, and algorithms[J]. Remote Sensing of Environment, 1995, 51(1): 169-188.

[150] Myneni R B, Nemani R R, Running S W. Estimation of global leaf area index and absorbed par using radiative transfer models[J]. IEEE Transactions on Geoscience and Remote Sensing, 1997, 35(6): 1380-1393.

[151] Neuenschwander A, Pitts K. The ATL08 land and vegetation product for the ICESat-2 Mission[J]. Remote Sensing of Environment, 2019, 221: 247-259.

[152] Nghiem S V, Zuffada C, Shah R, et al. Wetland monitoring with Global Navigation Satellite System reflectometry[J]. Earth and Space Science, 2017, 4(1): 16-39.

[153] Ningthoujam R K, Joshi P K, Roy P S. Retrieval of forest biomass for tropical deciduous mixed forest using ALOS PALSAR mosaic imagery and field plot data[J]. International Journal of Applied Earth Observation and Geoinformation, 2018, 69: 206-216.

[154] O'Neill P E, Chan S, Njoku E G, et al. SMAP Enhanced L3 Radiometer Global Daily 9 km EASE-Grid Soil Moisture V004 [Z]. NASA National Snow and Ice Data Center Distributed Active Archive Center, 2020.

[155] Paul R S, D. B C, Richard B K, et al. Long term performance of the High Output Maximum Efficiency Resonator (HOMER) laser for NASA's Global Ecosystem Dynamics Investigation (GEDI) lidar[J]. Optics and Laser Technology, 2015, 68: 67-72.

[156] Peng Q, Jin S. Significant Wave Height Estimation from Space-Borne Cyclone-GNSS Reflectometry[J]. Remote Sensing, 2019, 11(5): 584.

[157] Purevdorj T, Tateishi R, Ishiyama T, et al. Relationships between percent vegetation cover and vegetation indices [J]. International Journal of Remote Sensing, 1998, 19 (18): 3519-3535.

[158] Qazi W A, Baig S, Gilani H, et al. Comparison of forest aboveground biomass estimates from passive and active remote sensing sensors over Kayar Khola watershed, Chitwan district, Nepal[J]. Journal of Applied Remote Sensing, 2017, 11(2): 26038.

[159] Qiu H, Jin S. Global Mean Sea Surface Height Estimated from Spaceborne Cyclone-GNSS Reflectometry[J]. Remote Sensing, 2020, 12(3): 356.

[160] Rajabi M, Nahavandchi H, Hoseini M. Evaluation of CYGNSS Observations for Flood Detection and Mapping during Sistan and Baluchestan Torrential Rain in 2020[J]. Water, 2020, 12(7): 2047.

[161] Ran Q, Zhang B, Yao Y, et al. Editing arcs to improve the capacity of GNSS-IR for soil moisture retrieval in undulating terrains[J]. GPS Solutions, 2022, 26(1): 1-11.

[162] Rodriguez-Alvarez N, Bosch-Lluis X, Camps A, et al. Soil Moisture Retrieval Using GNSS-R Techniques: Experimental Results Over a Bare Soil Field[J]. IEEE Transactions on Geoscience and Remote Sensing, 2009, 47(11): 3616-3624.

[163] Rodriguez-Alvarez N, Garrison J L. Generalized Linear Observables for Ocean Wind Retrieval from Calibrated GNSS-R Delay-Doppler Maps [J]. IEEE Transactions on Geoscience and Remote Sensing, 2016, 54(2): 1142-1155.

[164] Rodriguez-Alvarez N, Holt B, Jaruwatanadilok S, et al. An arctic sea ice multi-step classification based on GNSS-R data from the TDS-1 mission [J]. Remote Sensing of Environment, 2019, 230: 111202.

[165] Ruf C S, Balasubramaniam R. Development of the CYGNSS Geophysical Model Function for Wind Speed[J]. IEEE Journal of Selected Topics in Applied Earth Observations and

Remote Sensing, 2019, 12(1SI): 66-77.

[166]Ruf C S, Gleason S, Jelenak Z, et al. The CYGNSS nanosatellite constellation hurricane mission[A]. In: IEEE International Symposium on Geoscience and Remote Sensing IGARSS[M]. NEW YORK: IEEE, 2012: 214-216.

[167]Sabia R, Caparrini M, Camps A, et al. Potential synergetic use of GNSS-R signals to improve the sea-state correction in the sea surface salinity estimation: Application to the SMOS mission[J]. IEEE Transactions on Geoscience and Remote Sensing, 2007, 45 (71): 2088-2097.

[168]Santi E, Paloscia S, Pettinato S, et al. Remote Sensing of Forest Biomass Using GNSS Reflectometry[J]. IEEE Journal of Selected Topics in Applied Earth Observations and Remote Sensing, 2020, 13: 2351-2368.

[169]Sarker L R, Nichol J E. Improved forest biomass estimates using ALOS AVNIR-2 texture indices[J]. Remote Sensing of Environment, 2011, 115(4): 968-977.

[170]Sassan S S, Nancy L H, Sandra B, et al. Benchmark map of forest carbon stocks in tropical regions across three continents [J]. Proceedings of the National Academy of Sciences of the United States of America, 2011, 108(24): 9899-9904.

[171]Schutz B E, Zwally H J, Shuman C A, et al. Overview of the ICESat Mission[J]. Geophysical Research Letters, 2005, 32(21).

[172]Sellers P J, Berry J A, Gollatz G J, et al. Canopy reflectance, photosynthesis and transpiration, III, A reanalysis using improved leaf models and a new canopy integration scheme[J]. Remote Sensing of Environment, 1992, 42: 187-216.

[173]Shen W, Li M, Huang C, et al. Annual forest aboveground biomass changes mapped using ICESat/GLAS measurements, historical inventory data, and time-series optical and radar imagery for Guangdong province, China[J]. Agricultural and Forest Meteorology, 2018, 259: 23-38.

[174]Shi J, Jackson T, Tao J, et al. Microwave vegetation indices for short vegetation covers from satellite passive microwave sensor AMSR-E[J]. Remote Sensing of Environment, 2008, 112(12): 4285-4300.

[175]Simard M, Pinto N, Fisher J B, et al. Mapping forest canopy height globally with spaceborne lidar [J]. Journal of Geophysical Research: Biogeosciences, 2011, 116 (G4).

[176]Sims D A, Gamon J A. Estimation of vegetation water content and photosynthetic tissue area from spectral reflectance: a comparison of indices based on liquid water and chlorophyll absorption features [J]. Remote Sensing of Environment, 2003, 84 (4): 526-537.

[177]Small E E, Larson K M, Braun J J. Sensing vegetation growth with reflected GPS signals [J]. Geophysical Research Letters, 2010, 37(12): 12401.

[178]Small E E, Larson K M, Smith W K. Normalized Microwave Reflection Index: Validation of Vegetation Water Content Estimates from Montana Grasslands[J]. IEEE Journal of Selected Topics in Applied Earth Observations and Remote Sensing, 2014, 7 (5SI): 1512-1521.

[179]Stephen C S, Robert V P, George W K, et al. Increasing wood production through old age in tall trees[J]. Forest Ecology and Management, 2009, 259(5): 976-994.

[180]Stilla D, Zribi M, Pierdicca N, et al. Desert Roughness Retrieval Using CYGNSS GNSS-R Data[J]. Remote Sensing, 2020, 12(4): 743.

[181]St-Onge B, Hu Y, Vega C. Mapping the height and above-ground biomass of a mixed forest using lidar and stereo Ikonos images[J]. International Journal of Remote Sensing, 2008, 29(5): 1277-1294.

[182]Stysley P R, Coyle D B, Kay R B, et al. Long term performance of the High Output Maximum Efficiency Resonator (HOMER) laser for NASA's Global Ecosystem Dynamics Investigation (GEDI) lidar[J]. Optics and Laser Technology, 2015, 68: 67-72.

[183]Tabibi S, Geremia-Nievinski F, Francis O, et al. Tidal analysis of GNSS reflectometry applied for coastal sea level sensing in Antarctica and Greenland[J]. Remote Sensing of Environment, 2020, 248: 111959.

[184]Timothy D, Onisimo M, Cletah S, et al. Remote sensing of aboveground forest biomass: A review[J]. Tropical Ecology, 2016, 57(2): 125-132.

[185] Todd S W, Hoffer R M, Milchunas D G. Biomass estimation on grazed and ungrazed rangelands using spectral indices[J]. International Journal of Remote Sensing, 1998, 19 (3): 427-438.

[186]Tucker C J. Red and photographic infrared linear combinations for monitoring vegetation [J]. Remote Sensing of Environment, 1979, 8(2): 127-150.

[187]Turner D P, Cohen W B, Kennedy R E, et al. Relationships between leaf area index and Landsat TM spectral vegetation indices across three temperate zone sites [J]. Remote Sensing of Environment, 1999, 70(1): 52-68.

[188]Unnithan S L K, Biswal B, Rudiger C. Flood Inundation Mapping by Combining GNSS-R Signals with Topographical Information[J]. Remote Sensing, 2020, 12(18): 3026.

[189]Vahedi A A. Artificial neural network application in comparison with modeling allometric equations for predicting above-ground biomass in the Hyrcanian mixed-beech forests of Iran [J]. Biomass & Bioenergy, 2016, 88: 66-76.

[190]Valbuena R, Packalen P, Mehtatalo L, et al. Characterizing forest structural types and

shelterwood dynamics from Lorenz-based indicators predicted by airborne laser scanning [J]. Canadian Journal of Forest Research-Revue Canadienne De Recherche Forestiere, 2013, 43(11): 1063-1074.

[191]Voronovich A G, Zavorotny V U. Bistatic Radar Equation for Signals of Opportunity Revisited[J]. IEEE Transactions on Geoscience and Remote Sensing, 2018, 56(4): 1959-1968.

[192]Wallis C I B, Homeier J, Pena J, et al. Modeling tropical montane forest biomass, productivity and canopy traits with multispectral remote sensing data[J]. Remote Sensing of Environment, 2019, 225: 77-92.

[193]Wan W, Larson K M, Small E E, et al. Using geodetic GPS receivers to measure vegetation water content[J]. GPS Solutions, 2015, 19(2): 237-248.

[194]Wang F, Yang D K, Li W Q, et al. A New Retrieval Method of Significant Wave Height Based on Statistics of Scattered BeiDou GEO Signals [J]. Proceedings of the 28th International Technical Meeting of The Satellite Division of The Institute of Navigation (Ion Gnss+ 2015): 3953-3957.

[195]Wang X, He X, Zhang Q. Evaluation and combination of quad-constellation multi-GNSS multipath reflectometry applied to sea level retrieval[J]. Remote Sensing of Environment, 2019: 231.

[196]Watt M S, Meredith A, Watt P, et al. Use of LiDAR to estimate stand characteristics for thinning operations in young Douglas-fir plantations[J]. New Zealand Journal of Forestry Science, 2013, 43(1): 1-10.

[197]Wilkes P, Jones S D, Suarez L, et al. Using discrete-return airborne laser scanning to quantify number of canopy strata across diverse forest types[J]. Methods in Ecology and Evolution, 2016, 7(6): 700-712.

[198]Xu F, Sun X, Liu X, et al. The Study on Retrieval Technique of Significant Wave Height Using Airborne GNSS-R [J]. Proceedings of the 28th Conference of Spacecraft Tt&C Technology in China: Openness, Integration and Intelligent Interconnection, 2018, 445: 401-411.

[199]Xu L, Wan W, Chen X, et al. Spaceborne GNSS-R Observation of Global Lake Level: First Results from the TechDemoSat-1 Mission [J]. Remote Sensing, 2019, 11 (12): 1438.

[200]Yan Q, Huang W, Jin S, et al. Pan-tropical soil moisture mapping based on a three-layer model from CYGNSS GNSS-R data [J]. Remote Sensing of Environment, 2020, 247: 111944.

[201]Yan Q, Huang W. Spaceborne GNSS-R Sea Ice Detection Using Delay-Doppler Maps:

First Results from the UK TechDemoSat-1 Mission[J]. IEEE Journal of Selected Topics in Applied Earth Observations and Remote Sensing, 2016, 9(10SI): 4795-4801.

[202] Yang T, Wan W, Sun Z, et al. Comprehensive Evaluation of Using TechDemoSat-1 and CYGNSS Data to Estimate Soil Moisture over Mainland China[J]. Remote Sensing, 2020, 12(11): 1699.

[203] Yang W, Gao F, Xu T, et al. Daily Flood Monitoring Based on Spaceborne GNSS-R Data: A Case Study on Henan, China[J]. Remote Sensing, 2021, 13(22): 4561.

[204] Yao Y, Zhang B, Xu C, et al. Analysis of the global Tm-Ts correlation and establishment of the latitude-related linear model[J]. Chinese science bulletin, 2014, 59: 2340-2347.

[205] Yoder B J, Waring R H. The normalized difference vegetation index of small douglas-fir canopies with varying chlorophyll concentrations [J]. Remote Sensing of Environment, 1994, 49(1): 81-91.

[206] Yu K, Li Y, Jin T, et al. GNSS-R-Based Snow Water Equivalent Estimation with Empirical Modeling and Enhanced SNR-Based Snow Depth Estimation [J]. Remote Sensing, 2020, 12(23): 3905.

[207] Yunck T P, Hajj G A, Kursinski E R. The role of GPS in precise Earth observation: IEEE Position Location & Navigation Symposium, 1988[C]. IEEE.

[208] Zavorotny V U, Voronovich A G. Scattering of GPS signals from the ocean with wind remote sensing application[J]. IEEE Transactions on Geoscience and Remote Sensing, 2000, 38(22): 951-964.

[209] Zhang L, Shao Z, Wang Z. Estimation of forest aboveground biomass using the integration of spectral and textural features from GF-1 satellite image [J]. 2016 4rth International Workshop on Earth Observation and Remote Sensing Applications (EORSA), 2016.

[210] Zhang S, Wang T, Wang L, et al. Evaluation of GNSS-IR for Retrieving Soil Moisture and Vegetation Growth Characteristics in Wheat Farmland [J]. Journal of Surveying Engineering, 2021, 147(3): 4021009.

[211] Zhang Z, Guo F, Zhang X. Triple-frequency multi-GNSS reflectometry snow depth retrieval by using clustering and normalization algorithm to compensate terrain variation[J]. GPS Solutions, 2020, 24(2): 1-18.

[212] Zheng D, Rademacher J, Chen J, et al. Estimating aboveground biomass using Landsat 7 ETM+ data across a managed landscape in northern Wisconsin, USA[J]. Remote Sensing of Environment, 2004, 93(3): 402-411.

[213] Zhu X, Liu D. Improving forest aboveground biomass estimation using seasonal Landsat NDVI time-series [J]. ISPRS Journal of Photogrammetry and Remote Sensing, 2015, 102: 222-231.

［214］Zribi M, Guyon D, Motte E, et al. Performance of GNSS-R GLORI data for biomass estimation over the landes forest［J］. International Journal of Applied Earth Observation and Geoinformation, 2019, 74: 150-158.

［215］Zuffada C, Chew C, Nghiem S V. Global navigation satellite system reflectometry (GNSS-R) algorithms for wetland observations ［J］. 2017 IEEE International Geoscience and Remote Sensing Symposium (IGARSS), 2017: 1126-1129.

附　录

AGB	Above-ground Biomass	地上生物量
ANN	Artificial Neural Network	人工神经网络
BDS	BeiDou Navigation Satellite System	北斗卫星导航系统(中国)
BP	Back Propagation	反向传播
BPSK	Binary Phase Shift Keying	二进制相移键控
BRCS	Bistatic Radar Cross-Section	双基地雷达横截面
CH	Canopy Height	树冠高
CORS	Continuous Operational Reference System	连续运行卫星定位服务系统
CYGNSS	Cyclone Global Navigation Satellite System	飓风全球导航卫星系统
DDM	Delay Doppler Map	时延多普勒图
DL	Deep Learning	深度学习
EASE	Equal-Area Scalable Earth	等面积可扩展地球网格
EIRP	Effective Isotropic Radiated Power	有效各向同性辐射功率
ESA	European Space Agency/ Operation Center	欧洲空间局
FAO	United Nations Food and Agriculture Organization	联合国粮农组织
FPGA	Field Programmable Gate Array	可编程门阵列
Galileo	Galileo satellite navigation system	全球卫星定位系统(欧盟)
GEDI	the Global Ecosystem Dynamics Investigation	全球生态系统动态调查
GLONASS	Globalnaya navigatsionnaya sputnikovaya sistema	全球卫星定位系统(俄罗斯)
GMF	Geophysical Model Function	经验地球物理模型
GNSS	Global Navigation Satellite System	全球导航卫星系统
GNSS-R	GNSS Reflectometry	GNSS 反射测量
GPS	Global Positioning System	全球定位系统(美国)
ICESat/GLAS	the Ice, Cloud, and land Elevation Satellite/ Geoscience Laser Altimeter System	冰、云和陆地高程卫星/地球科学激光高度计系统
ICF	Interference Complex Field	干涉复合场
IEM	Integral Equation Model	积分方程模型

IGBP	International Geosphere-Biosphere Programme	国际地圈生物圈计划
IGS	International GNSS Service	国际 GNSS 服务
IRNSS	Indian Regional Navigation Satellite System	印度区域导航卫星系统
ISMN	International Soil Moisture Network	国际土壤水分网络
KA-PO	Kirchhoff Approximation-Physical Optics	基尔霍夫近似-物理光学
LHCP	Left-Hand Circularly Polarized	左旋圆极化
LiDAR	Light Detection And Ranging	激光雷达
LNA	Low Noise Amplifier	低噪声放大器
LUCID	Land use, Carbon & Emission Data	土地利用、碳排放数据
MAE	MeanAbsolute Error	平均绝对误差
MODIS	Moderate resolution Imaging Spectroradiometer	中分辨率成像光谱仪
MRAE	MeanRelative Absolute Error	平均相对绝对误差
MRT	MODIS Reprojection Tool	MODIS 投影工具
NDVI	Normalized Difference Vegetation Index	植被归一化指数
NOAA	National Oceanic and Atmospheric Administration	美国国家海洋和大气管理局
PARIS	Passive Reflectometry and Interferometry System	被动测高与干涉系统
PSO	Particle Swarm Optimization	粒子群优化算法
QZSS	Quasi-Zenith Satellite System	准天顶卫星系统
R	Correlation coefficient	相关系数
R^2	Coefficient of determination	决定系数
RF	Radio Frequency Front End	射频前端
RHCP	Right-Hand Circularly Polarized	右旋圆极化
RMSE	Root Mean Squared Error	均方根误差
RO	Radio Occultation	无线电掩星
SAR	Synthetic Aperture Radar	合成孔径雷达
SC	Silhouette Coefficient	轮廓系数
SGR-ReSI	Space GNSS Receiver Remote Sensing Instrument	空间 GNSS 遥感仪
SMAP	Soil Moisture Active Passive	土壤湿度主动/被动测量计
SNR	Signal to Noise Ratio	信噪比
SNRc	correction Signal to Noise Ratio	校正信噪比
SPM	Small Perturbation Model	小扰动模型
SSA	Small Slope Approximation	小斜率近似
SR	Surface roughness	地表粗糙度

ST	Soil surface temperature	土壤表面温度
SVM	Support Vector Machines	支持向量机
TDS-1	TechDemoSat-1	
TE	length of the Trailing Edge	尾缘长度
ubRMSE	Unbiased root mean square error	无偏均方根误差
UK-DMC	the United Kingdom-Disaster Monitoring Constellation	英国灾害监测星座
VOD	Vegetation optical depth	植被光学深度
VWC	Vegetation water content	植被含水量